AF893684

L'ESSENTIEL DE LA SURVIE

En pleine nature

Du même auteur :

Survie, mode d'emploi, Le Courrier du Livre, 2015.
Le Guide de la survie en ville, Le Courrier du Livre, 2018.

Création maquette et mise en page : Bénédicte Souffrant - PCA-CMB

ISBN : 978-2-7029-1750-3

www.editions-tredaniel.com
info@guytredaniel.fr
www.facebook.com/editions.tredaniel

DENIS TRIBAUDEAU

L'ESSENTIEL DE LA SURVIE

En pleine nature

LE COURRIER DU LIVRE

27, rue des Grands-Augustins
75006 Paris

SOMMAIRE

PARTIE 1
PRINCIPES DE BASE

PARTIE 2
DÉFINITION D'UNE SITUATION DE SURVIE

PARTIE 3

TROIS CHOSES ESSENTIELLES À LA SURVIE

PARTIE 4

CONNAÎTRE LES TECHNIQUES DE SURVIE

AVERTISSEMENT

Une situation de survie n'est pas une situation anodine. Toutes les techniques et informations mentionnées dans cet ouvrage ont été vérifiées et testées. L'auteur présente ici une synthèse des notions à aborder face aux situations critiques. Certaines techniques exposées ne doivent être mises en œuvre et utilisées qu'en cas d'extrême danger ou lorsque la sécurité des individus en dépend. Par conséquent, l'éditeur ne saurait être rendu responsable de toute blessure, dommage corporel ou matériel qui pourraient découler de la mise en application des techniques présentées ici ou d'une mauvaise interprétation des propos. Veillez lors de vos entraînements ou perfectionnements aux techniques de survie à demander toutes les autorisations légales des propriétaires du terrain. Respectez les espèces protégées, animales et végétales. Observez scrupuleusement les règles en vigueur dans le pays où vous vous trouvez.

AVANT-PROPOS

Que vous soyez un randonneur effréné « épris de grands espaces », ou un marcheur du dimanche, ce petit guide vous sera bien utile !

Sans vouloir être anxiogène ni vous décourager de partir à la découverte de notre belle planète, il est capital de bien poser comment cerner et comprendre ce que l'on appelle une « situation de survie ». C'est pourquoi cet ouvrage se veut didactique et pédagogique pour être à la portée de tous.

Bien se connaître en évaluant son niveau d'intelligence émotionnelle, sa condition physique et mettre en place une bonne stratégie pour gérer et sortir de la crise, voilà des éléments indispensables. Nous allons de façon claire vous expliquer les attitudes correctes et les techniques simples et efficaces à connaître en situation extrême où votre vie est en jeu.

Ce guide essentiel, véritable pense-bête, vous présente comment pallier la majorité des imprévus.

La survie et ses techniques étant un champ d'étude aussi vaste que la vie, nous n'avons en effet pas vocation à l'exhaustivité, il fournira cependant la synthèse indispensable des notions à aborder et à maîtriser.

En cas d'extrême danger, nul ne connaît sa réaction. Votre intelligence émotionnelle et votre entraînement aux techniques de survie feront peut-être la différence.

Mais n'oubliez jamais que la nature reste et restera beaucoup plus puissante, forte, généreuse et impitoyable que nous. Et qu'il faudra composer avec ses règles du jeu. Même avec les meilleures connaissances, le plus grand entraînement possible, vous serez à sa merci ! Au petit jeu de la survie, elle finira toujours par gagner !

Plus que jamais, la détection des signes avant-coureurs et la prévention des risques seront les meilleures armes pour lutter contre une situation de crise. Malheureusement, en moins de cinquante ans, nous nous sommes coupés de la nature et nous avons oublié notre instinct de survie, les vertus des plantes, la chasse aux animaux, et la prévision météorologique nous est maintenant totalement étrangère...

Je crois qu'un retour aux sources, aux fondamentaux, une remise à plat de nos sens, le ré-ancrage, le réapprentissage des techniques et savoirs des anciens, permettraient de relativiser et de prendre conscience de nos formidables capacités d'adaptation pour survivre en milieu naturel !

Mais le plus important reste de comprendre comment ne jamais se retrouver en situation de survie !

Bienvenue dans le monde infini des savoir-faire du *survivor* !

PARTIE 1

PRINCIPES DE BASE

1 STRATÉGIE GÉNÉRALE

En prenant du recul et en essayant d'analyser les situations où tout peut basculer et nous faire plonger en situation de survie, je me suis rendu compte que, dans beaucoup de récits que l'on me rapportait, bon nombre de similitudes apparaissaient ! En recoupant les informations que je glane durant mes stages et en compulsant des centaines d'archives sur les situations extrêmes vécues par des randonneurs, explorateurs ou imprudents, deux grands scénarios de survie se détachent.

- **Premier scénario :** assez rare mais bien réel, plonge les victimes très rapidement dans une situation hors de contrôle. Nous l'appellerons « accident ». Ce genre d'événement peut arriver à n'importe qui, novice ou expert, entraîné ou non à la survie. Avec la meilleure volonté du monde et une préparation irréprochable, l'accident est toujours possible. Le risque zéro n'existant pas, le plus prudent d'entre nous pourra être victime d'un impondérable qui engendrera une situation de survie. Une grande maîtrise des gestes et une parfaite expérience du terrain pourront peut-être permettre de sortir d'une telle situation, mais sans garantie que la mort ne sera finalement pas au rendez-vous ! Car il n'y a pas grand-chose à faire devant un rocher de plusieurs tonnes qui vous tombe dessus ou un glissement de terrain qui vous ensevelit. Fatalité ou malchance seront alors évoquées pour expliquer les raisons du décès.
- **Second scénario :** une série de petits événements, facilement évitables, s'accumulent et vous précipitent dans une situation délicate, voire mortelle, sans même que vous vous en rendiez compte. Fréquemment observé, cet enchaînement de maladresses et de négligences est responsable de la mort de centaines de personnes

en France et de milliers de randonneurs dans le monde chaque année. Lors de nos sorties en nature, voyages, expéditions… des erreurs graves peuvent être commises qui, bien souvent, auraient pu être évitées en mettant en place de simples procédures de bon sens avant le départ, et donc bien avant qu'une situation de survie n'arrive ! Dans la majorité des cas, c'est en amont de la crise que votre survie se jouera ! N'entendez-vous pas dire que les personnes qui se retrouvent en situation critique étaient trop souvent mal préparées ? Ou qu'elles ont surestimé leurs forces, ne se sont pas assez penchées sur les prévisions météorologiques, qu'elles ont trop vite lu leur carte… ?

Nous trouvons toujours de bonnes raisons pour ne pas remettre à plus tard l'aventure d'une vie, « la sortie de l'année » ou la balade dominicale dans les montagnes. Même si le ciel s'assombrit, que votre équipement semble insuffisant ou « limite », il est très compliqué de renoncer à l'appel de la nature ! Nous trouvons souvent de bonnes raisons pour ne pas voir la réalité en face et nous engager sur des terrains où notre sécurité ne sera pas parfaitement garantie. Nous sommes tous susceptibles de devenir « idioptimistes ».

2 PRÉVENTION

UN GRAND PRINCIPE

Restez humble devant la puissance de la nature ! Car, malgré notre belle technologie et nos outils modernes, nos techniques de survie et notre soi-disant intelligence, la nature demeure largement plus puissante que n'importe quel humain ou groupe d'humains ! Nous pourrions affirmer que, « à la fin, c'est toujours elle qui gagne » ! Partant de ce constat simple, la stratégie idéale en situation de survie consistera à gagner du temps sur la mort pour s'en sortir. Les règles exactes et imparables n'existant pas, il vous sera essentiel d'établir vos propres limites physiques et mentales pour réagir le « moins mal possible » à la crise que vous traversez. Plus vous posséderez d'acquis, plus votre niveau de stress sera faible, mieux vous pourrez réfléchir et plus vous saurez prendre les bonnes décisions. Plus votre niveau physique sera bon et plus vous pourrez compter sur votre corps pour effectuer les efforts que vous lui demandez. Si vous basculez dans la survie, bien se connaître et savoir ce dont on est capable sans se surestimer fera la différence. Votre volonté à rester en vie, votre connaissance du terrain et votre matériel embarqué seront tout aussi primordiaux…

3 PRÉPARATION

À FAIRE AVANT DE PARTIR

DÉFINIR AVEC LE PLUS DE PRÉCISION POSSIBLE VOTRE OBJECTIF

Vous voulez effectuer une randonnée de deux heures, un trek d'un week-end ou la traversée à pied de Zanzibar en une semaine… ? Plus vous serez précis dans vos projets, moins vous laisserez de chance au hasard et à l'improvisation, et moins vous tomberez en survie !

ANALYSER LES CARTES ET TRAVAILLER L'ITINÉRAIRE

Cela paraît évident, mais encore faut-il prendre le temps de bien se renseigner sur le tracé de la randonnée que vous voulez effectuer. Achetez ou téléchargez des cartes récentes et mises à jour et imposez-vous une lecture rigoureuse. Identifiez les dangers potentiels et les difficultés à venir, fixez-vous des limites géographiques comme « des lignes d'arrêt » (voir p. 105), envisagez aussi des échappatoires permettant d'écourter votre trek, au cas où.

Regardez bien attentivement les points délicats, les zones difficiles à franchir, les zones interdites, militaires, minières, aéroportuaires, les intersections, enfin, toutes difficultés où vous risqueriez de vous tromper afin de les mémoriser. Plus vous vous projetterez

dans votre parcours, plus vous vous l'approprierez et moins vous serez surpris par d'éventuelles difficultés une fois sur place. Copiez le comportement des sportifs, comme les skieurs descendeurs ou les pilotes de voltige, qui, avant leur entrée dans la compétition, répètent et mentalisent les gestes et attitudes à adopter pour que, une fois dans l'action, ils n'aient plus qu'à les réaliser parfaitement et ne soient pas pris de court.

NE PAS HÉSITER À DÉPOSER L'ITINÉRAIRE AUPRÈS DES AUTORITÉS

Ou encore, décrivez avec précision votre trajet à toute personne que vous croiserez avant de partir. Plus vous serez précis et évoquerez les détours et ralentissements possibles, mieux votre interlocuteur fixera dans son esprit votre trajet et permettra d'orienter au mieux d'éventuels secours.

Donnez aussi le jour et l'heure de votre départ et de votre retour. N'hésitez pas à prendre rendez-vous avec votre interlocuteur (par exemple, si c'est un restaurateur, réservez une table pour le jour de votre retour). Si vous avez affaire aux forces de sécurité locales, dites-leur que vous repasserez leur donner des nouvelles à la fin de votre périple.

ÊTRE AU COURANT DES RÉGLEMENTATIONS

Bien se renseigner sur les réglementations et interdictions locales en vigueur. Remplir les formalités et demander les autorisations nécessaires pour être en conformité. Bien souvent, nous voulons contourner les contraintes administratives ou « péage » considérés comme du racket. Mais être en règle, comme payer un droit d'accès à un parc ou avoir signé un registre en mentionnant son numéro de passeport, son heure d'arrivée et son heure de départ prévues, est en réalité un gage de sécurité, car les autorités et gardes seront au courant de votre présence et pourront intervenir beaucoup plus rapidement pour vous porter secours s'il vous arrivait malheur.

Si vous partez dans une zone « gratuite » et libre d'accès, dites à quelqu'un (même si vous ne le connaissez pas) où vous allez et quand vous rentrez. Montrez-lui votre parcours et assurez-vous qu'il a bien compris et enregistré vos propos. Quitte à insister un peu ! Imposez-vous cette étape, car c'est l'une des meilleures choses à faire pour ne pas tomber en situation de survie.

PARTIR AU MOINS À DEUX PERSONNES (NE JAMAIS PARTIR SEUL)

Trouvez au moins un partenaire fiable et sans histoire (plus facile à dire qu'à faire !). Sinon, essayez de tisser des liens avec d'autres personnes qui font le même trajet que vous. Même si ces randonneurs ne marchent pas à vos côtés, donnez-leur rendez-vous le soir au refuge par exemple, ou à la pause de dix heures pour boire un verre ou discuter pendant dix minutes. Si vous n'êtes pas au point de

rencontre comme convenu, naturellement ils s'inquiéteront et donneront l'alerte. Ainsi, chacun veillera l'un sur l'autre. Vous pourrez aussi échanger sur les difficultés rencontrées et vous épauler mutuellement si vous étiez en danger.

Une chose est sûre, plus vous serez nombreux à marcher sur le même tracé et plus l'esprit de groupe, l'entraide, la solidarité, joueront. Vous serez donc plus forts et plus en sécurité ensemble. Mais la vie de groupe est parfois plus compliquée ! Vous aurez beaucoup plus de mal à faire émerger une stratégie qui convienne à tout le monde et les décisions seront difficiles à prendre. Surtout en situation de survie ! Donc si votre caractère convient à la vie collective, privilégiez les sorties en nature avec d'autres personnes. Si vous êtes plutôt un « loup solitaire », forcez-vous à établir des relations, même sporadiques avec d'autres randonneurs, ils seront vos premiers secours si jamais il vous arrivait quelque chose.

ÉTUDIER LA MÉTÉO

Regardez les bulletins météorologiques nationaux, régionaux et locaux. Faites un bilan le plus complet possible de la situation (voir p. 154). N'hésitez pas aussi à demander aux « vieux du coin », qui connaissent très souvent mieux que quiconque l'évolution du temps dans leur vallée !

SAVOIR FAIRE DEMI-TOUR OU NE PAS PARTIR SI LES « VOYANTS NE SONT PAS TOUS AU VERT »

N'en déplaise au groupe que vous accompagnez, il faut savoir renoncer. C'est une décision toujours dure à prendre. Mais la sécurité n'a pas de prix et, même si vous subissez des pressions, soyez ferme et déterminé dans votre choix.

ÊTRE EN BONNE FORME PHYSIQUE

Il ne serait pas sérieux de partir affronter les éléments si vous venez de passer deux nuits à faire la fête ou si vous êtes souffrant ! Même en bonne santé, il est vraiment préférable que vous soyez un peu entraîné pour pouvoir tenir la distance. Préparez-vous physiquement et moralement à supporter les impondérables.

Une bonne préparation physique ne vous fera que du bien. Faites trois fois par semaine de l'activité physique comme du vélo ou de la course à pied, un peu de gainage et du « cardio ». Cela vous permettra d'être globalement mieux dans votre corps et plus réactif si jamais vous deviez affronter une situation tendue. Sans vouloir devenir un athlète de haut niveau, avoir un peu de muscles pourra toujours vous servir.

Il n'est pas inutile par ailleurs de réaliser un petit bilan de santé. Informez votre médecin de vos projets et il vous fera passer des tests pour s'assurer que tout va bien. Il en profitera certainement pour vous renseigner sur les éventuels traitements et médicaments à prendre si vous partez pour des « contrées lointaines ». Dans le même ordre d'idées, une visite de contrôle chez le dentiste vous permettra d'éviter des problèmes dentaires une fois dans l'action, car il n'y a rien de pire (à mon sens) qu'un mal de dents ne pouvant être soigné !

EFFECTUER UNE CHECK-LIST DE VOTRE MATÉRIEL POUR NE RIEN OUBLIER

J'ai pour habitude d'écrire sur une feuille de papier la liste de tout le matériel dont j'aurai besoin pour effectuer tel ou tel repérage ou randonnée. Ensuite, je vais chercher les objets et je les étale sur le sol au fur et à mesure que je les trouve. Cela me permet d'avoir une vue d'ensemble de mon équipement et surtout de « re-checker mon matos » une ultime fois d'un seul coup d'œil.

CHOISIR SES ACCESSOIRES ET OUTILS (SAC À DOS, SAC DE COUCHAGE, COUTEAU...)

Nous avons tous naturellement envie de prendre le maximum d'équipement et d'accessoires afin d'assurer notre confort et notre sécurité. Mais le surpoids est l'ennemi du randonneur ! Un sac trop lourd de quelques kilogrammes au départ peut avoir de graves conséquences par la suite, allant jusqu'à provoquer des accidents.

Donc, appliquez une règle simple : votre sac à dos et tous vos équipements annexes réunis ne doivent **pas dépasser 1/5e de votre poids**.

Exemple : si vous pesez 80 kg, votre équipement ne dépassera pas 16 kg (et c'est déjà bien lourd !).

POUR CONSTITUER VOTRE SAC, PRIVILÉGIEZ LA FONCTION PLUTÔT QUE L'OBJET

De quoi aurez-vous besoin ?

- Couper, percer, perforer : couteau multitâche. Il n'y a rien de plus personnel que le choix d'un couteau. Chaque modèle offre des avantages et des inconvénients. À vous de bien définir vos besoins, votre force et la fonction de l'outil.
- Contenir et porter : sac à dos.
- Contenir un liquide pour boire : gourde ou bouteille.
- Lier, assembler : 10 m de ficelle du type « paracorde ».
- Faire du feu : briquet, loupe souple et Firesteel.
- Se protéger : bâche ou toile de tente.
- Communiquer : sifflet, corne, téléphone portable (voir p. 26).
- Dormir le plus confortablement possible : sac de couchage et tapis de sol.
- Boire de l'eau potable : pastille de purification ou paille filtrante.
- Manger : fruits secs et repas déshydratés.
- Se soigner : trousse à pharmacie complète (voir p. 30).
- Contenir un liquide ou autre supplémentaire et léger : sac-poubelle, préservatif…

Cette liste n'est pas immuable, encore moins exhaustive. Si vous n'avez pas encore atteint votre seuil de 1/5e de votre poids :

- Fabriquer : scie pliable, fil de fer…
- Se couvrir : vêtements de rechange (voir p. 26).
- Rester propre : sous-vêtements de rechange, savon…

TREK'N'EAT
HIGH-TECH FOOD
Nestlé
dessert
Noir
vitale

NE JAMAIS OUBLIER SON TÉLÉPHONE PORTABLE

Le « meilleur outil de survie qui soit ! » Prenez soin de le charger et de le protéger des intempéries. Éteignez-le pour ne pas gaspiller les batteries ou être dérangé. Notez votre code PIN et donnez-le à un membre de votre groupe ou mettez-le bien en évidence. Ainsi, si quelqu'un d'autre que vous doit utiliser votre téléphone, il saura le « déverrouiller » sans vous, même si vous êtes inconscient.

BIEN CHOISIR SES VÊTEMENTS

Croire que les vêtements vous apportent de la chaleur est faux. Les vêtements évitent que votre chaleur corporelle (37 °C) (voir page 149) ne s'échappe. Sachant que le meilleur isolant du monde reste l'air, pour être au chaud, il faudra essayer d'emprisonner votre propre air autour de vous. Pour être au frais, il faudra au contraire essayer d'évacuer l'air chaud. Plus vous aurez de couches d'air entre votre peau et l'air ambiant et plus vous piégerez votre chaleur corporelle. C'est pourquoi plusieurs couches de vêtements minces vous protégeront mieux qu'un seul gros vêtement. Les fibres naturelles telles que le coton ou la laine remplissent vraiment bien cet objectif, mais, très souvent, elles retiennent aussi l'humidité corporelle et donc sèchent lentement, contrairement aux fibres synthétiques, souvent plus chères mais beaucoup plus adaptées,

surtout pour évacuer la transpiration. Dans tous les cas, adoptez le principe des « trois couches » !

1re couche : une « couche de base », comme un T-shirt à manches longues qui absorbera bien votre humidité et l'évacuera rapidement. Si vous prenez un vêtement « technique » en polyester, vous aurez une excellente capacité d'évacuation de l'humidité. Sa composition pourra varier en fonction de sa qualité. Ainsi l'élasthanne rendra le tissu « stretch », l'acrylique apportera de la douceur, le polypropylène permettra une plus grande résistance et des qualités hydrophobes à la maille.
Si vous prenez un vêtement en fibres naturelles : regardez le grammage du tissu. Pour simplifier, plus il sera épais et plus il vous protégera du froid. La laine mérinos sera un très bon choix car elle sentira toujours bon, sera très confortable, mais elle séchera moins vite et évacuera moins l'humidité que les fibres synthétiques. C'est aussi un produit plus cher. Alors un mix des deux fibres semblera être le meilleur compromis.

2e couche : la deuxième couche de vêtements servira essentiellement d'isolant. Son but sera de piéger votre air chaud et de le maintenir autour de vous. Les vêtements de la famille des « polaires » sont très efficaces, légers à porter. Il existe aussi toute une gamme de doudounes très intéressante. Elles renferment dans des petits compartiments du duvet d'oiseau ou du duvet synthétique. Elles s'avèrent plus efficaces mais plus fragiles et plus chères que les polaires.

3e couche : la troisième couche de vêtements vous protégera des agressions extérieures, elle sera donc imperméable et coupe-vent. Pour être complet, il existe maintenant de nombreuses fibres qui permettent d'évacuer l'humidité que vous aurez produite.

En plus des trois couches, portez une attention toute particulière au choix de vos sous-vêtements. Préférez les caleçons confortables et élastiques avec des coutures plates aux slips amples ou moulants pouvant provoquer frottements et échauffements. Un maître mot :

le confort avant tout ! Tout aussi important et essentiel pour limiter la perte de chaleur, pensez à prendre avec vous un bonnet et des gants, même si vous êtes en été.

BIEN CHOISIR SES CHAUSSURES ET SES CHAUSSETTES

Ne jamais négliger ses pieds ! Bien choisir sa paire de chaussures de marche, adaptée au terrain, c'est s'assurer de pouvoir progresser sans souffrance. Il sera tout aussi essentiel de les prendre à votre taille (voire une demi-pointure en plus). N'hésitez pas à les essayer avec aux pieds deux paires de chaussettes, ne faites pas l'économie de marcher, sauter, courir… dans le magasin afin d'être bien certain de votre choix. Avant votre « grande sortie », prenez le temps d'effectuer quelques kilomètres avec vos nouvelles chaussures. Ne partez jamais sur les sentiers avec des chaussures neuves pas encore faites à vos pieds !

Vos chaussettes vous garantiront un confort thermique et un matelassage amortissant, vous évitant les frottements et l'apparition d'ampoules. Mon truc pour ne pas se ruiner : porter une mince paire de chaussettes en nylon et par-dessus une autre paire en laine. Cela dit, je n'ai jamais pu remplacer le confort des chaussettes « spéciales rando ».

PRENDRE UN CHÈCHE

Nous pourrions penser que ce bout de tissu tout bête ne sert qu'à se protéger du soleil dans le désert. En réalité, ses fonctions dépassent

largement notre imagination. Pour bénéficier au maximum de votre chèche, choisissez-le d'au moins 2,50 mètres de long sur 50 cm de large.

Ainsi vous pourrez vous en servir pour :

- vous protéger la tête du soleil, du vent...,
- filtrer votre eau et la rendre claire (voir page 74),
- récolter de l'eau de pluie sur un tronc d'arbre (voir page 74),
- dormir un peu plus au chaud en vous en servant comme d'un drap,
- vous signaler en le transformant en drapeau (voir page 48),
- vous sécher en l'utilisant comme serviette,
- faire un garrot en cas d'hémorragie grave (voir page 136),
- ...

AVOIR UNE TROUSSE DE SECOURS DE BASE

Il sera impératif de partir avec une trousse de secours la plus complète possible. Plus vous aurez d'outils, de pansements, de traitements et plus vous pourrez vous soigner… mais plus elle sera lourde à porter. Elle doit être rapidement accessible et tous les membres de votre groupe doivent savoir où elle se trouve. Gardez-la à l'abri de l'humidité.

Si vous êtes complètement novice en la matière, rabattez-vous sur des kits tout prêts, à acheter dans les bons magasins de « rando ». Si vous êtes à l'aise avec ce genre de matériel, vous pourrez constituer votre attirail de premier secours en fonction de vos allergies et de votre parcours. Pour plus de précisions, demandez conseil à votre médecin traitant, il aura toutes les connaissances pour vous aider.

DE QUOI EST CONSTITUÉE UNE TROUSSE DE SECOURS TYPE ?

- Une ou deux paires de gants jetables,
- des ciseaux (capables de couper un vêtement comme un jean par exemple),
- des épingles à nourrice (pour fixer des bandages),
- un thermomètre,
- un assortiment de pansements adhésifs (les choisir stériles et étanches dans la mesure du possible),
- une boîte de pansements pour les ampoules,

- une pommade ou bombe antiseptique et cicatrisante,
- des antibiotiques en pommade ou cachets,
- du gel hydroalcoolique (pour se laver les mains et soigner sans transmettre de microbes),
- des compresses stériles,
- un rouleau de bande adhésive (pour « strapper » une articulation ou fixer un pansement),
- des anti-inflammatoires,
- une bande de gaze (lavable et réutilisable pour fixer un pansement par exemple),
- des comprimés pour purifier de l'eau ou une paille filtrante (du type Micropur),
- des lingettes antiseptiques (sans alcool de préférence),
- une pince à épiler (pour retirer toutes sortes d'échardes),
- un tire-tique,
- un scalpel,
- des cachets antidouleur (pour lutter contre le mal de tête ou douleurs diverses),
- des cachets antihistaminiques (pour lutter contre les allergies aux pollens et autres),
- des cachets antidiarrhéiques,
- des cachets anticonstipations,
- un sachet de sel de réhydratation,
- une crème soignant les brûlures,
- une crème solaire,
- un petit peu de miel ou pâte de fruit pour l'hypoglycémie,
- un garrot (pour lutter contre une hémorragie soudaine lors d'une amputation par exemple),
- votre traitement personnel et délivré sur ordonnance par votre médecin,
- votre traitement en fonction de l'environnement (cachets contre le paludisme, répulsif anti-moustiques, « DEET » contre les sangsues…).

Ne prenez pas toutes les boîtes de tous les médicaments car votre trousse serait trop petite, mais plutôt une plaquette de comprimés,

DIPROSONE
PIQURE INSECTE
Compeed
URGO
S.O.S COUPURES
Leukoplast S
COUVERTURE DE SURVIE
RESCUE BLANKET
BAUSCH + LOMB
IKEA

en ayant bien pris soin d'écrire directement sur la plaquette le nom et l'utilité du traitement.

Passez votre formation PSC1 (Prévention et secours civiques de niveau 1, auprès de la Protection civile, www.protection-civile.org), vous apprendrez ainsi les bons réflexes en cas d'accident en tout genre. Il s'agit d'une formation en sept heures, dispensée par de nombreux organismes en France. Elle est peu chère et tellement indispensable !

EMPORTER CE QUE VOUS ÊTES CERTAIN DE RAMENER

Vous serez ainsi irréprochable en termes d'empreinte écologique. Imposez-vous des règles simples de respect de la nature et de l'environnement. Pensez que vous n'êtes pas le premier ni le dernier randonneur à vouloir emprunter tel ou tel chemin. Donc, dans la mesure du possible, vous laisserez les endroits que vous aurez empruntés aussi propres que quand vous les aurez trouvés et vous ramènerez vos déchets, pelures d'orange, emballages, mégots et lingettes.

Une fois votre expédition terminée, n'oubliez pas de lever votre dispositif de sécurité en tenant au courant les personnes, les autorités… de votre fin d'activité.

PUTIA
WURZJOCH-BORZ
35
35

PARTIE 2

DÉFINITION D'UNE SITUATION DE SURVIE

1 LES BASES

POUR FAIRE SIMPLE

Une situation de survie n'est pas un moment choisi et maîtrisé, elle arrive soudainement et elle est la plupart du temps subie ! Elle peut se produire lors d'un accident ou à cause d'un événement impromptu mal maîtrisé en amont. C'est un impondérable qui tourne mal et peut entraîner rapidement l'arrêt des fonctions vitales. On ne part pas « faire de la survie » ! Il faudrait dire plutôt : nous allons faire du *bushcraft* ou du camping sauvage, une randonnée légère ou une simple immersion « dans la verte ». Est-ce que le mot « survie » a la même signification ou la même valeur lorsque l'on risque sa vie pour sa patrie au combat, que l'on gagne un jeu télévisuel en restant debout sur des poteaux, ou que l'on plante sa tente en pleine forêt en se faisant griller des saucisses sur le feu ?

Ici, nous parlons bien d'un risque de mort si nous ne trouvons pas les moyens pour ralentir, arrêter, sortir d'une situation de survie. Bien souvent, nous confondons une simple « galère » ou un mode de vie un peu dégradé et une authentique situation de survie. Dans cet ouvrage, nous aborderons les astuces et techniques de survie pour se sortir d'un mauvais pas en milieu naturel et comment être plus en harmonie avec la nature pour mieux en faire partie. Nous nous intéresserons à la survie « civile » vécue en solitaire ou collectivement (et non à la survie urbaine ou militaire, même si quelquefois il existe des similitudes d'approche).

NOTRE CURSEUR

Nous sommes plus de sept milliards d'êtres humains susceptibles de tomber un jour en situation de survie et nous avons tous une définition différente du mot « survie », car nous avons tous un seuil de tolérance, d'acceptation ou de maîtrise d'une situation critique différent. Ainsi, pour certains, l'idée même de passer une nuit dans les bois constituera une situation de survie, alors que d'autres pourront dormir à poings fermés au milieu de la savane, entourés de prédateurs, et se sentir en toute sécurité. En fait, nous plaçons le curseur établissant la frontière entre notre « zone de confort » et une situation de survie en fonction de notre sensibilité, de nos peurs, de notre éducation, de nos expériences, de nos connaissances, de notre capacité à gérer le stress, etc. En résumé, plus notre savoir-faire est grand et plus notre maîtrise de la situation est élevée, plus la gestion de nos émotions déplace le curseur de l'intolérable à l'extrême. Il existe donc autant de situations de survie que d'individus.

2 ÉVITER À TOUT PRIX LE CHOC PSYCHOLOGIQUE

L'ÉTAT DE SIDÉRATION PSYCHIQUE

Les psychiatres connaissent depuis plusieurs décennies cet état apathique arrivant lorsqu'une victime est plongée dans un immense stress. C'est un mécanisme psychologique neurologique de sauvegarde (mécanisme psychotraumatique). Il survient dans l'immense majorité des cas lors d'un choc psy, d'une agression ou d'un grave accident. Dans tous les cas, l'horreur vécue et ressentie par la victime engendre un « survoltage » neurologique avec déferlement hormonal dans le cerveau qui a pour effet de faire « disjoncter le circuit » ! Cela évite qu'une réponse émotionnelle trop forte engendre la mort comme une crise cardiaque, par exemple. La stratégie inconsciente du « court-circuit » est efficace à court terme ; en effet, la victime en état de sidération psychique ne ressent plus rien et elle est donc « protégée », mais cette disjonction entraîne une mémoire traumatique qui peut avoir des conséquences graves lors du « retour à la réalité ».

L'EFFET PANIQUE

Il aura pour conséquence de vous faire tomber dans le stress total et provoquera sur vous et le groupe un manque de discernement et de mauvaises prises de décision, vous entraînant inexorablement vers une aggravation de la situation. Même le plus intelligent des hommes soumis à un stress intense verra son intelligence baisser fortement. Ainsi, Einstein deviendrait un total idiot si trop d'adrénaline envahissait son cerveau, lui rendant impossible le calcul d'une simple opération mathématique.

L'EFFET DE « TUNNELISATION MENTALE »

Dans le même ordre d'idées que l'effet panique, il provoque en vous un mauvais fonctionnement intellectuel. En effet, la situation de survie provoque en vous un immense stress qui aura de lourdes conséquences. Ainsi, vous basculerez dans un état apparemment calme et concentré, mais en réalité, vous vous focaliserez sur un problème et un seul ! Vouloir à tout prix remplir un objectif, obtenir un résultat, cela peut être vu comme une qualité – la persévérance –, mais quand vous vous trompez de problème et que vous n'écoutez plus autour de vous, cela vous mène tout droit à la catastrophe. Vous vous trompez de priorité !

L'EFFET DÉPRIME

Il se traduit par le manque de réaction des individus, hagards et muets. L'incapacité à intervenir et à interagir sur les événements provoquant – vous vous en doutez – une descente aux enfers pouvant se terminer très mal ! Comment combattre la dépression ? Dans nos vies modernes et médicalisées, il faut plusieurs mois pour sortir une personne de cette maladie. En survie, il faudra un traitement de choc, et parfois une claque suffira à réveiller le tempérament et l'esprit de révolte d'un individu. Mais installer une routine, se donner un emploi du temps pour rythmer sa journée et fuir l'ennui, évitera de trop penser et de trop désespérer !

L'EFFET COLÈRE

Généralement, le guide ou la personne vous ayant mis dans cette situation devient la tête de Turc sur laquelle tout le monde tape ! Parfois même, les personnes venant à votre secours en prennent elles aussi pour leur grade. Cela n'améliorera pas votre état, mais vous aurez l'impression d'être vif et actif. En réalité, votre manque de discernement et votre agressivité envers les autres ralentiront votre sortie de crise et ne feront qu'attiser les rancœurs et « l'effet déprime ».

L'EFFET COUPABLE

Il n'y a rien de plus facile que de se sentir coupable de s'être mis volontairement ou involontairement dans une situation délicate ! En plus, si la déprime vous gagne et que « l'effet colère » agit sur les membres de votre groupe, vous serez à deux doigts d'avoir des envies suicidaires. Mais le plus surprenant est que vous pourrez être victime de cette sensation même après avoir été secouru, donc méfiez-vous des retours de manivelle !

Pour minimiser ou, mieux, éviter tous ces chocs psychologiques, il sera primordial de bien oxygéner votre cerveau pour rester lucide. Un petit exercice de respiration ne sera pas superflu ! Avant d'envisager une quelconque stratégie, inspirez et expirez profondément plusieurs fois pendant une minute (et une minute, c'est long !), puis essayez de vous remobiliser, de remettre en ordre vos idées.

Cela paraît tellement évident mais tellement difficile à mettre en œuvre lorsque notre cerveau est embrumé par le stress.

3 APPLIQUER LES « RÈGLES DE TROIS »

Une fois le choc psychologique passé, posez-vous trois grandes questions.

POSEZ-VOUS TROIS GRANDES QUESTIONS

1. Est-ce que je peux respirer ?

En moyenne on résiste 3 minutes sans respirer, après c'est l'asphyxie puis la chute dans le coma et la mort !

2. Est-ce que je suis protégé ?

Se mettre à l'écart du danger en se protégeant des intempéries par exemple (trois heures de pluie suffisent pour anéantir nos forces), ou s'éloigner d'un ravin ou d'une bête sauvage dangereuse, resteront des réflexes absolus pour ne pas risquer le « sur-accident » et détériorer encore plus votre situation. Une fois votre sécurité immédiate assurée, vous pourrez imaginer une solution pour sortir du bourbier !

3. Ai-je accès à de l'eau potable et à de la nourriture ?

La priorité sera de boire, car on ne résiste en conditions hostiles que 3 jours sans eau. Tout dépendra, aussi, de la température au soleil et à l'ombre, du taux d'hygrométrie dans l'air, de la force du vent et de votre état physique du moment. Ainsi, vous pourrez subir une déshydratation en quelques heures dans le désert en plein soleil, alors que vous pourrez tenir le coup plus de quatre jours dans un milieu tempéré. En résumé, quelqu'un qui manque d'eau ne survivra, à coup sûr, que quelques jours, pas plus !

Alors que l'on résiste trois semaines sans manger : j'ai l'habitude de dire que nous ne sommes pas très beaux à voir, mais nous sommes toujours vivants après 20 jours sans alimentation. Pour donner un ordre d'idées, nous serons dans le même état physique et psychologique après trois semaines de privation d'aliments que trois jours sans boire.

Une fois vos besoins vitaux analysés, vous pourrez adopter la règle des trois « A ».

ADOPTER LA RÈGLE DES TROIS « A »

1. ACCEPTER

Une fois le choc psychologique passé et les « trois questions » posées, il faudra faire rapidement un travail de résilience, accepter votre condition et mobiliser toutes les forces intellectuelles et physiques à votre disposition pour trouver la « moins mauvaise » stratégie pour sortir au plus vite de la crise. Évitez à tout prix les tentatives désespérées non calculées qui aggraveront votre situation.

2. ADAPTER

Admettre que rien n'est impossible et que tout est réalisable avec les moyens du bord est sans conteste la meilleure attitude pour arriver à votre but. Mettez-vous dans les dispositions optimales et relevez le défi. Pour mettre toutes les chances de votre côté et sortir d'une situation critique, il vous faudra maîtriser les fondamentaux de la survie. **Le principe général** étant de se maintenir en vie puis d'essayer d'établir le contact avec les secours ou la civilisation, il vous faudra trouver des solutions pour obtenir rapidement une bonne régulation thermique (se couvrir, avoir un abri, faire du feu), une hydratation suffisante (avoir ou faire son eau potable en bonne quantité) et une alimentation minimum (trouver des végétaux comestibles, piéger ou chasser des animaux). Ainsi vous assurerez vos besoins élémentaires et vous pourrez espérer vous en sortir. Votre état d'esprit réaliste et positif, votre débrouillardise et votre volonté sans faille ne feront qu'accentuer vos chances de survie et amélioreront votre sauvetage.

3. ALERTER ET VOUS SIGNALER

Pour mettre toutes les chances de votre côté, restez sur place, sécurisez votre environnement proche, branchez votre téléphone et faites le 112 (ce numéro est totalement gratuit et valable dans tous les pays membres de l'Union européenne, avec Chypre côté turc). Parmi les pays où le 112 ne fonctionne pas il faut lister : l'Albanie, Gibraltar, la Biélorussie (faire le 901).

Si vous avez pu prévenir les secours avec votre téléphone, il ne restera plus qu'à vous signaler. Dans la majeure partie des cas, les secours viendront du ciel, il sera alors essentiel que vous mettiez en place un signe identifiable pour être facilement repérable (voir ci-après).

Si vous avez bien préparé votre expédition, mais que vous ne pouvez pas donner l'alerte par vos propres moyens, les secours se déclencheront malgré tout pour vous venir en aide (voir page 19). Les personnes que vous avez mises au courant de votre sortie finiront bien par s'inquiéter de votre absence.

Le secret pour bien se signaler et être repérable facilement réside dans la compréhension du mode opératoire d'une équipe de secours.

Tout d'abord, les autorités vont se réunir pour statuer sur la gravité de la situation. Ensuite, une équipe de secouristes (souvent bénévoles) sera constituée et planchera sur la mission. Une fois qu'elle aura déterminé la zone de recherche, elle mettra en œuvre les moyens pour venir vous secourir. Donc, ce ne sera qu'au bout de quelques heures que les secours pourront être déployés et partir à votre recherche. Si des facteurs aggravants empêchent les recherches, comme une mauvaise météo ou des moyens humains trop faibles, ne vous découragez pas et gardez votre calme, la roue finira par tourner et cela vous laissera encore plus de temps pour mettre en place un dispositif de signalement efficace.

LES SIGNAUX DE RECONNAISSANCE ET DE SAUVETAGE

Plus vos signaux seront clairs et gros en terrain découvert, plus ils seront lisibles. Ils pourront être fabriqués avec vos habits, des déchets, des branches, des cailloux, des tracés dans le sable, etc.

- X : demandons assistance et secours médical.
- N : non ou réponse négative.
- Y : oui ou réponse positive.
- LL : tout va bien.
- Les fameux SOS ou HELP marchent aussi très bien !

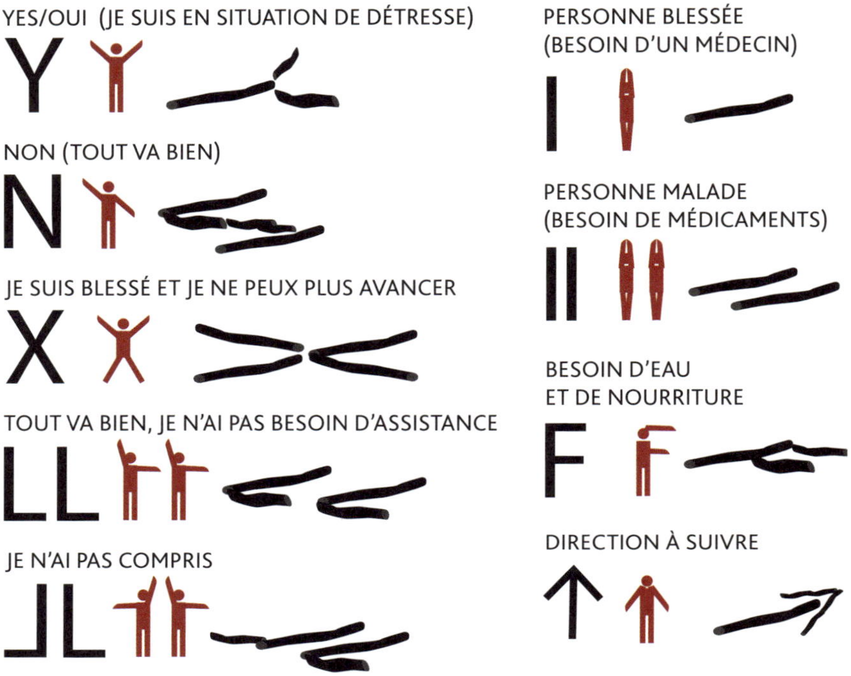

LES TROIS FEUX EN TRIANGLE

Le feu est le meilleur moyen pour être vu de très loin de nuit et de très haut ! Si vous êtes sur un terrain dégagé, je vous conseille d'essayer de préparer trois feux disposés en triangle équilatéral. Faites des trépieds au-dessus d'eux pour y installer des feuillages ou de l'herbe verte. Cela aura pour effet de fabriquer de grands panaches blancs facilement repérables. Mettez-les en marche seulement si vous voyez ou entendez les secours arriver du ciel.

LE FEU SUR UN POINT CULMINANT

Vous serez toujours plus visible en haut qu'en bas ! Essayez de gravir un point culminant et d'y installer le plus grand feu possible ! Plus votre brasier sera grand et haut, plus il pourra être vu de loin.

L'ARBRE « TORCHE »

Vous ne pouvez pas monter sur un promontoire rocheux et êtes invisible sous la canopée de la forêt. Une solution radicale existe mais elle est terriblement dangereuse : choisissez un arbre du type palmier au tronc barbu ou un sapin solitaire parmi les autres arbres de la forêt et mettez-y le feu. Le plus compliqué sera de ne pas embraser les autres arbres à proximité.

LE « MOULINET » LUMINEUX

Cette technique consiste à faire tourner un objet lumineux sur lui-même, comme votre lampe frontale ou un tison, à l'aide d'une ficelle ou d'un bâton. Ainsi, vous obtiendrez un cercle parfait et donc artificiel, ce qui devrait attirer les yeux de vos secouristes. Bien sûr, la technique est pleinement visible la nuit.

LE DRAPEAU

La technique est tellement simple et évidente qu'on l'oublierait presque ! À l'aide d'un linge (un tee-shirt conviendra parfaitement) aux couleurs vives, fabriquez un drapeau, avec un bâton de marche ou une branche ; fixez-le le plus haut possible pour être remarqué au plus loin par les secours. Bien sûr, cette technique de repérage fonctionne encore mieux s'il y a du vent pouvant faire flotter votre montage.

LE « REFLET MIROIR »

Vous avez remarqué la présence des secours, qui ont du mal à vous repérer. Essayez d'attirer leur attention en fabriquant un « reflet miroir ». Pour que cette méthode fonctionne au mieux, il faudra du soleil. Prenez tout ce que vous avez de réfléchissant : miroir, lame de couteau, canette en fer, CD, cuillère, métal, verre, etc., et essayez de viser votre cible. En remuant votre réflecteur, vous obtiendrez un effet clignotant et impactant sur vos sauveteurs !

LE SIFFLET

Le son émis par ce petit instrument porte incroyablement loin et pourra vous signaler à des kilomètres. Le plus efficace étant d'émettre en morse le très connu SOS (trois coups longs, suivis de trois coups courts, suivis de trois coups longs) ou le son international de détresse (six coups pendant une minute). Si quelqu'un vous entend, il effectuera trois coups brefs en réponse.

Vous avez décidé pour de bonnes ou mauvaises raisons de quitter l'endroit où vous étiez et de changer de lieu ou sortir vous-même de la galère. Si les secours atteignent votre ancien bivouac, ils chercheront des indices sur votre parcours, votre état physique, votre alimentation, etc. Il faudra leur apporter le maximum d'éléments pour qu'ils puissent agir en conséquence. Aussi, la première chose qui les attirera sera votre feu, ils viendront sentir les braises pour savoir depuis combien de temps vous êtes parti, reconnaître les restes d'aliments pour deviner ce que vous avez mangé, etc.

Si vous devez donc quitter votre bivouac, n'éteignez jamais votre feu, c'est une mine d'or pour les secours (il pourra vous servir si jamais vous deviez rebrousser chemin). Si vous avez du papier et un crayon, une planchette de bois ou un caillou plat à graver, décrivez votre stratégie et prise de décisions, indiquez la direction prise et votre état de forme physique et mentale.

Au départ du bivouac ou sur le chemin, la technique du Petit Poucet marche bien. Laissez un maximum d'indices derrière vous. Si vous avez une machette ou un objet coupant, si vous êtes en forêt, faites des marques bien voyantes sur les arbres tous les dix mètres. Sur un terrain pierreux ou désertique, faites des cairns (petits tas de pierres que font les montagnards et les randonneurs) le plus régulièrement possible. Laissez le plus rapidement possible sur le chemin, bien en évidence, un linge portant votre odeur (bout de tissu avec lequel vous vous êtes essuyé). Si les personnes qui vous recherchent ont des chiens renifleurs, leur tâche en sera facilitée.

PARTIE 3

TROIS CHOSES ESSENTIELLES À LA SURVIE

Durant les trois premiers jours pour tenir au moins trois semaines !

1 SAVOIR FAIRE DU FEU

Depuis plus de 450 000 ans, les hommes ont élaboré des stratégies pour faire du feu dans n'importe quel biotope. Vous pourrez vous en sortir presque à tous les coups si vous maîtrisez quelques principes essentiels. Car rien n'est plus important que de maîtriser parfaitement la réalisation d'un feu.

« Le feu, c'est la vie » :

- il procure de la chaleur,
- il repousse les bêtes (petites et grosses),
- il vous permet de vous signaler aux secours,
- il vous apporte de la lumière la nuit venue,
- il vous permet de cuire vos aliments,
- il fait bouillir l'eau et donc la rend potable,
- et enfin, il fait de nous un être humain (aucun animal ne maîtrise le feu à part l'homme).

Pour faire un feu, il faut passer par différentes étapes. Si vous voulez aller trop vite, c'est l'échec assuré ! Lors de vos sorties, n'oubliez pas de prendre un briquet ou des allumettes. Si toutefois vous avez omis d'emporter votre nécessaire à feu, si vous avez été victime d'un accident, d'une chute du sac contenant vos allumettes, ou si tout simplement l'outil choisi ne fonctionne pas, il faudra en passer par une solution de secours, beaucoup moins pratique et terriblement moins rapide. Si deux secondes suffisent pour faire une flamme avec un briquet, il vous faudra deux heures avec deux morceaux de bois que l'on frotte.

Il existe quatre grandes familles de fabrication du feu :

- les courts-circuits (électricité),
- avec le soleil,

- les produits chimiques,
- les frottements.

Choisissez la technique la plus abordable et la moins coûteuse en énergie. Préparez scrupuleusement votre matériel et vos matériaux, votre étoupe, votre fagot et votre stock de bois pour ne rien laisser au hasard.

1ER PRINCIPE : COMPRENDRE LE TRIANGLE DU FEU

Pour qu'un feu puisse exister, il faut impérativement que trois composantes soient présentes : l'oxygène, la chaleur et le combustible. Si l'une des trois (encore « la règle de 3 ») n'existe pas ou est défaillante, le départ d'un feu n'est pas envisageable. Très souvent, nous négligeons l'une des trois. Il faudra le meilleur équilibre possible entre oxygène, chaleur et combustible.

2e PRINCIPE : LES 5 ÉTAPES INDISPENSABLES UNE FOIS QUE VOUS AVEZ CHOISI VOTRE TECHNIQUE DE FABRICATION DU FEU

1. **Préparer :** avant toute tentative pour allumer votre feu, il faudra choisir la technique appropriée et trouver les bons matériaux, dans la nature ou ailleurs. Plus vous prendrez le temps pour bien préparer votre dispositif, plus vous ferez jaillir la flamme rapidement. Le temps perdu en amont vous en fera gagner en aval !

2. **Avoir un bon amadou et un bon matériau pour votre étoupe :** on appelle « amadou » tout ce qui sert d'allume-feu (herbe sèche et fine, un nid d'oiseau, un nid d'écureuil, du « punk wood » ou bois pourri et, bien sûr, l'amadouvier). Dès que votre braise sera créée, il ne vous restera plus qu'à la mettre en contact avec votre amadou. Ainsi, vous conserverez l'incandescence pendant plusieurs dizaines de minutes, ce qui vous laissera beaucoup plus de temps pour produire votre flamme.

3. **Faire de la braise :** sans conteste, c'est l'étape la plus spectaculaire et la plus importante. Mais il vous sera essentiel de bien avoir préparé la suite des opérations pour que vous puissiez convertir votre « petit trésor » en belle flamme.

4. **Produire la flamme :** une fois votre braise faite, si elle est bien réalisée, vous aurez quelques minutes pour la transformer en flamme. Mais attention, rien n'est encore gagné ! Appliquez-vous à bien renverser votre braise dans votre paquet d'étoupe. Si vous avez bien préparé votre travail, la flamme devrait apparaître dans les deux minutes qui suivront.

5. **Faire le feu :** avant d'avoir commencé la fabrication de votre braise puis de la flamme, vous avez réservé un tas de petits branchages bien secs. Si vous n'avez pas trouvé de petit bois, vous pourrez fabriquer un *feather stick* (tailler un ou plusieurs bâtons

↑ AMADOUVIER →

de bois en copeaux pour obtenir une sorte de palmier ou plumeau). Vous avez hiérarchisé les morceaux de bois à brûler selon leur diamètre : du plus petit au plus gros, pour faire grandir votre feu rapidement. Faites un tipi avec vos restes de branchages, vous n'aurez plus qu'à y mettre le feu !

DIFFÉRENTES TECHNIQUES POUR FAIRE DU FEU

LES COURTS-CIRCUITS

Vous le provoquez en mettant en contact les pôles + et - d'une batterie. Plus le voltage de la batterie sera grand, plus l'arc électrique dû au court-circuit sera puissant, et plus il sera facile de faire du feu. Mais attention à l'électrocution !

PILE AVEC PAILLE DE FER

Si vous n'avez pas les matériaux idéaux, vous pouvez essayer avec des isolants de câble électrique constitués de fils d'acier très fins tressés. Certains sièges chauffants ont des fils qui pourront vous intéresser aussi. Le voltage de la pile sera également primordial : en dessous de 9 V, le court-circuit sera plus compliqué à obtenir, mais pas impossible.

AMPOULE CASSÉE AVEC FILAMENT

Cassez délicatement le verre de l'ampoule pour mettre à l'air libre le filament et allumez votre lampe. Vous aurez alors 1 ou 2 secondes, avant que le filament rougi ne casse, pour le mettre en contact avec un morceau d'amadou et faire ainsi un peu de braise.

PILE AVEC PAPIER DE CHEWING-GUM

Il faut avoir à votre disposition une pile d'au moins 1,5 V (mais cela fonctionne nettement mieux avec du 4 V et avec un ampérage important) et un chewing-gum emballé dans un papier mi-alu, mi-papier. Le secret de votre réussite résidera dans le pliage et la découpe du papier.

Apparition d'une flamme petite et furtive. Vous n'aurez que 1 ou 2 secondes pour la mettre en contact avec votre fagot ou amadou !

AVEC LE SOLEIL : L'EFFET LOUPE

Il sera impératif de trouver le point « focal image » avec votre loupe ou tout autre objet en verre ou en plastique faisant un effet loupe et de l'appliquer sur un matériau dense et sec, comme de l'amadou ou une bonne étoupe d'herbe. Si vous avez bien exposé au soleil votre dispositif, la fumée sera instantanée, et vous générerez de la braise en quelques secondes.

AVEC UNE LOUPE

Il existe des loupes souples, rigides, légères, intégrées à la boussole. Pour être certain de réussir votre feu, il faudra que la nature vous donne un franc soleil pendant une bonne minute. Préparez bien votre installation comme décrit plus haut et le succès sera au rendez-vous !

AVEC DES LUNETTES

Si vous avez la chance d'avoir dans vos compagnons d'infortune un presbyte qui porte des lunettes, vous pourrez sans problème créer un point chaud à l'instar d'une loupe. Les lentilles seront convexes donc convergentes et concentreront les rayons du soleil en un seul point. Les lunettes équipées de verres antireflet ne fonctionnent pas.

AVEC UN PRÉSERVATIF

Cette technique prête à sourire mais elle est très efficace ! Pour bien réussir à concentrer les rayons du soleil en un point, vous devrez remplir le préservatif avec une eau claire. Précisons que cette technique marche avec toutes sortes de modèles (la couleur, le goût n'auront aucune importance). Puis, faites une boule bien régulière avec le préservatif plein et essayez de concentrer la lumière du soleil en un seul point sur un amadou. Si vous êtes bien positionné, la fumée apparaîtra instantanément.

AVEC UNE BOUTEILLE EN PLASTIQUE

C'est exactement le même principe qu'avec un préservatif. Prenez une bouteille transparente aux formes arrondies se rapprochant le plus possible d'une boule. Optez aussi pour un amadou ou une étoupe de couleur foncée, elle captera mieux la lumière et sera plus efficace.

AVEC UNE BOULE DE GLACE OU UNE LOUPE DE GLACE

Toujours dans la même ligne que la technique du préservatif ou de la bouteille d'eau, créez une boule ou une forme de loupe avec de la glace propre, dense, translucide et sans bulles prélevée dans un lac ou une rivière.

L'EFFET FOUR SOLAIRE

Le culot d'une canette de soda polie peut servir de minifour solaire.

À l'aide d'un abrasif très fin, comme un carré de chocolat, du dentifrice ou du sable farineux, et un chiffon, vous allez frotter le culot pour obtenir une surface la plus lustrée et réfléchissante possible. Déterminez le point de convergence des rayons lumineux. Placez-y un petit bout d'amadou ou un matériau inflammable. Le résultat doit être instantané. Si ce n'est pas le cas, il faudra donc revoir les différentes étapes de fabrication.

PRODUITS CHIMIQUES

Il existe de nombreux moyens pour faire jaillir la flamme en mélangeant des produits chimiques. Mais tous les ans, de graves accidents arrivent par simple inconscience et méconnaissance de la dangerosité de ces produits. Donc nous ne vous divulguerons pas les quantités et formules exactes dans un souci de précaution et de sécurité. Il vaudra mieux ne pas toucher à ce genre d'expérience et laisser cela aux physiciens ou artificiers qualifiés.

LES MÉLANGES EXPLOSIFS

- Mélange glycérol + permanganate de potassium
- Mélange sucre + permanganate de potassium + étincelle
- Mélange sucre + chlorate de potassium + acide sulfurique
- Mélange sucre + chlorate de sodium

BATTERIE DE TÉLÉPHONE PORTABLE

Prenez une batterie lithium (ce sont les plus courantes sur le marché), dégagez les deux pôles avec un couteau et percez d'un coup sec le corps de la batterie sans la traverser pour provoquer une fuite de lithium, puis mettez en contact les pôles de la batterie + et - avec un fil de fer ou tout autre objet en métal conducteur pour obtenir un court-circuit. Au contact de l'air et du court-circuit, le lithium s'échappant de la fuite va chauffer et s'embraser. Il ne vous reste plus qu'à mettre par-dessus de l'herbe et du bois.

Attention tout de même, cette opération peut être dangereuse, car explosive. Elle est aussi polluante, donc prenez toutes vos précautions.

LES FROTTEMENTS

Faire le feu par friction, seul ou en équipe ?

Il sera plus facile de réaliser le feu en équipe, surtout si vous avez choisi de le fabriquer avec les techniques dites de frottement. En effet, plus l'effort physique sera important pour obtenir la braise et plus vous aurez besoin de paires de bras. Une parfaite coordination sera indispensable.

Un groupe de trois ou quatre personnes pourra plus facilement tenir le coup physiquement et aura plus d'essais possibles.

Friction, rotation et frottement

Cette méthode consiste à produire un échauffement entre deux matériaux (souvent du bois) en les frottant fortement. Le matériau produit devient de la cendre chaude incandescente, appelée aussi braise. Le frottement peut être longitudinal ou circulaire avec ou sans archet. Dans tous les cas, vous pourrez fabriquer de la braise, mais un peu d'entraînement sera nécessaire.

Drille + planchette avec ou sans archet

↳ Avec archet

J'aime cette technique que les Amérindiens et les Aborigènes utilisent. Elle fonctionne dans beaucoup d'environnements et, avec un peu d'entraînement, ne nécessite pas forcément beaucoup d'énergie (surtout si vous êtes à plusieurs). Pour commencer, il faudra prendre le temps de trouver les bons morceaux de bois et autres ingrédients. Je ne peux que vous encourager à savoir identifier les essences de bois qui conviennent le mieux (voir ci-après), à vous entraîner à

fabriquer les différents outils tels que la drille et la planchette, et à prendre le coup de main pour fabriquer une belle braise.

↳ Sans archet

La technique reste identique à celle avec archet, mais il vous faudra fabriquer une drille d'au moins 80 cm de long et d'un petit centimètre de diamètre et être au moins deux personnes pour y arriver à tous les coups. En France, le sureau convient parfaitement, en Afrique de l'Est ou en Amérique, d'autres essences sont beaucoup plus efficaces.

↑ AVEC ARCHET

SANS ARCHET ↓

Feu « façon sciage » avec du bambou

Il faudra être deux ou trois pour réussir à faire de la braise rapidement. L'exercice consiste à « scier » énergiquement un morceau de bambou avec un autre morceau de bambou. Et de faire tomber le produit du frottement sur une étoupe. Il faudra pour cela un bambou sec et épais d'un bon diamètre, de 6 à 7 cm. Grattez-le pour obtenir de fins copeaux qui serviront d'amadou, puis fendez votre bambou en deux. L'un étant le « dormant » et l'autre, « l'actif ». La partie minutieuse du travail consistera à effectuer une fente sur le morceau « actif » entre deux cloisons. Frottez, frottez et frottez encore, après 30 secondes le bambou commencera à fumer, il vous faudra soutenir votre effort encore une bonne minute. La chaleur finira par embraser les copeaux et vous obtiendrez une belle braise qu'il faudra convertir en flamme.

Feu « façon Raramuri »

Toujours avec le même principe de frottement que celui effectué avec le bambou ci-dessus (d'ailleurs, cette technique peut être réalisée avec ce matériau), vous allez assembler deux planchettes réalisées avec une tige florale de yucca (plante poussant principalement en Amérique centrale et Amérique du Sud. Mais vous pourrez aussi en trouver dans toutes les régions chaudes et sèches du globe comme en Europe du Sud) fendue en deux avec les moyens du bord (corde, liane, etc.), en glissant entre les deux planchettes deux petits cailloux (aux extrémités), de l'étoupe et de l'amadou bien sec au centre. C'est la partie « dormante » ou « support » du dispositif.

Faites maintenant une troisième planchette que vous utiliserez comme une scie pour couper le support. Faites une fente au-dessus de l'étoupe sur le dormant pour la guider. Bloquez votre support avec des pierres ou des rondins bien lourds. Il ne vous restera plus qu'à frotter et à espérer que la chaleur produite chauffe suffisamment votre étoupe pour créer de la braise.

Planchette + frottement d'une baguette

Nettement moins évidente que les techniques précédentes, elle est néanmoins faisable. Pour cela, il vous faudra vous appliquer à bien préparer votre planchette et votre baguette. Cette méthode était utilisée dans le Pacifique, au Vanuatu… mais est coûteuse en énergie !

Trouvez un bois le plus léger et fibreux possible, mort et sec, de 50 cm environ (l'arbre idéal étant le purau ou *hibiscus tiliaceus* mais cela fonctionne aussi avec notre lierre ou le peuplier). Faites-en une planchette puis entaillez-la en son centre pour obtenir un sillon dans le sens de la fibre de 10 cm environ. Au bout du sillon, faites un petit réceptacle qui recevra votre braise. Fabriquez ensuite une baguette de bois assez dure mais fibreuse de 20 à 30 cm de long. Mettez-vous en position et frottez longuement et régulièrement en accélérant le mouvement sans relâcher la pression de la baguette sur la planchette et sans faire bouger la planchette. Le bois fumera rapidement et de petites particules incandescentes commenceront à s'accumuler dans le réservoir prévu à cet effet. Bon courage !

Feu papou : liane + bois fendu

Je n'ai vu que les Papous de Nouvelle-Guinée maîtriser parfaitement cette technique, mais les peuples reculés de la forêt malaisienne semblent aussi la pratiquer. Il faut avoir un bon dos et un bon « cardio » pour être sûr de fabriquer de la braise de cette manière. De plus, l'environnement sec des îles du Pacifique, en saison sèche, facilite énormément les choses !

Pour réussir votre feu, il vous faudra :

- une liane, longue d'un bon mètre, fibreuse et grasse mais morte ;
- un morceau de bois plutôt dense et fibreux, que vous aurez pris soin de fendre pour laisser passer l'air ;
- un petit caillou ou une cale, pour ouvrir le bois fendu et permettre à l'air d'atteindre le point de frottement (voir p. 64) ;
- de la paille pour permettre de fabriquer de la braise (pensez aux nids d'oiseaux tisserins).

Positionnez-vous et commencez doucement par un geste régulier en tendant la liane pour obtenir une pression suffisante sur le bout de bois et provoquer un échauffement, puis accélérez le mouvement de plus en plus jusqu'à la rupture de la liane. À ce moment précis, vous devriez avoir fait chauffer suffisamment vos copeaux pour obtenir de la braise. Mais attention, n'est pas papou qui veut !

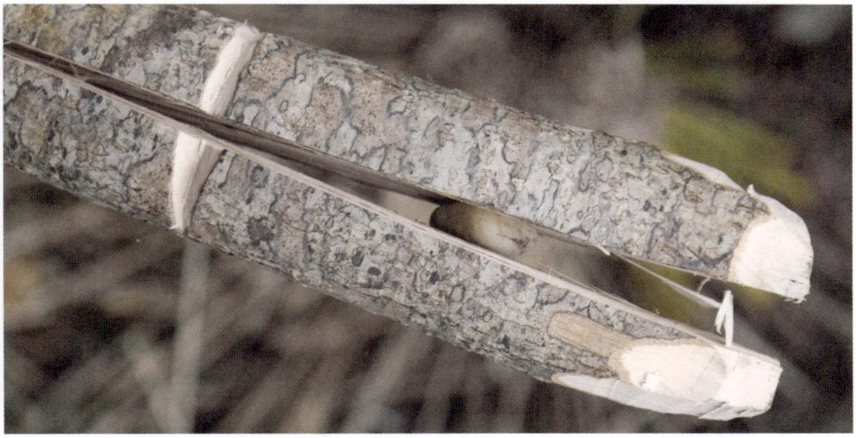

À percussion

Nous avons tous essayé, étant gamins, de percuter deux pierres pour obtenir une étincelle et cru que c'était de cette façon que pouvait jaillir la flamme. *Dixit* nos livres traitant de la préhistoire. En réalité, il n'en est rien, le choc des deux pierres produit uniquement une incandescence instable !

Pour arriver à quelque chose de constructif, il vous faudra entrechoquer une pierre dure, comme le silex, sur un sulfure de fer, comme de la pyrite ou de la marcassite. C'est alors que vous fabriquerez une « belle et grasse » étincelle qui, mise en contact avec de l'amadou, fabriquera de la braise ou, mise en contact avec de la paille, pourra même se transformer en flamme rapidement.

Autres techniques *bushcraft*

Même si ces techniques ne sont pas directement liées à une situation de crise, il est indispensable de savoir fabriquer un feu avec ces méthodes « alternatives », adaptées à vos besoins, sans perdre de temps si votre briquet devenait hors d'usage.

↳ Le Firesteel

Il existe plusieurs variantes de Firesteel, mais toutes reposent sur le même principe : gratter avec un outil en métal une barre de magnésium – ou ferrocérium – pour obtenir des étincelles. Je vous encourage à vous exercer un minimum avant de partir sur le terrain, car même si vous allez générer de belles étincelles, il vous faudra acquérir un petit coup de main pour produire une flamme.

↳ Allumettes étanches

Si les allumettes sont bien protégées, dans un tube étanche par exemple, elles seront toujours sèches et vous n'aurez pas de problème à enflammer la tige de bois.

2 SAVOIR PRODUIRE DE L'EAU POTABLE

Indispensable pour rester vivant plusieurs semaines. Boire une eau saine en situation de survie, c'est multiplier par cent ses chances de survie !

OÙ SE TROUVE L'EAU ?

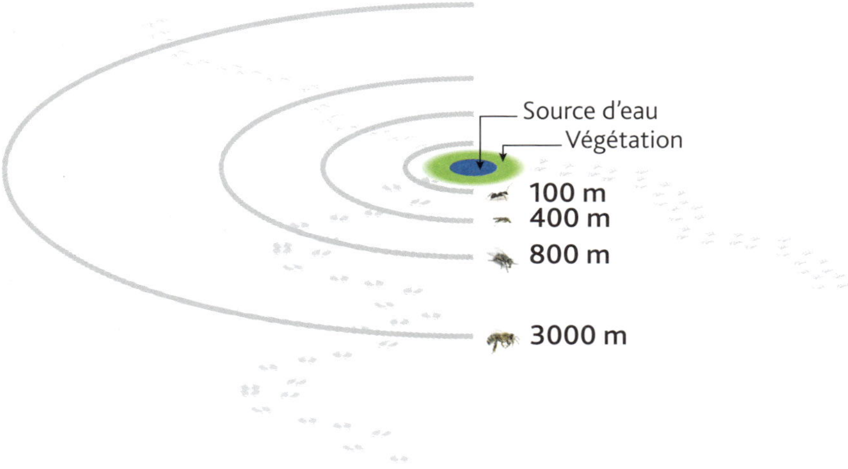

QUELQUES RÈGLES UNIVERSELLES POURRONT VOUS GUIDER

- Observez bien la topographie du terrain. Statistiquement, l'eau aura toutes les chances d'être présente en bas des pentes et des

vallons car soumise à la loi de la gravité. Il ne vous restera plus qu'à descendre et à chercher le point le plus bas de la région pour en trouver.

- Les animaux ont eux aussi besoin de boire. Suivez les traces d'animaux que vous croiserez, elles vous mèneront sûrement au point d'eau.
- Sachez aussi que les insectes ont besoin d'eau pour vivre et sont souvent à proximité d'un point de ravitaillement ! Si vous observez un moustique sur votre épaule, cela voudra dire que l'eau se trouve dans un rayon de 400 m environ (une mouche 800 m, une abeille 3 km, une fourmi 100 m). Mais attention, la source d'eau pourra n'être qu'un minuscule réservoir fait d'une pierre creuse ou d'un animal mort !
- Là où la végétation est la plus verte, où les zones d'ombre sont persistantes, il y a souvent de l'eau. S'il y a une forêt, c'est que fatalement il y a de l'eau ! Observez attentivement votre environnement. Aussi, des réservoirs naturels se créent dans les creux d'arbres morts. Si la mousse est abondante et épaisse, essayez de la presser entre vos mains, vous pourrez récolter quelques gouttes d'eau.
- Si le temps menace de passer à la pluie, prenez quelques minutes pour mettre en place un collecteur de pluie en déployant votre poncho ou une couverture de survie sur le sol, en prenant soin de surhausser les bords, ou en nouant un linge ou chèche autour d'un tronc d'arbre penché : la pluie coulera le long du tronc et sera absorbée par le linge.

- Cherchez les troncs d'arbres tombés au sol depuis plusieurs années. Généralement, ils sont en décomposition et complètement imbibés d'eau. Il n'y a plus qu'à presser les parties les plus dégradées pour en extraire le liquide. Le fort goût de champignon vous restera en bouche si vous ne la filtrez pas !
- En montagne et paysage accidentés, deux solutions s'offriront à vous : soit monter pour récolter de la neige ou de la glace, soit descendre dans les vallées pour trouver les torrents. Sachez qu'en France, l'eau venant des montagnes n'est plus potable, car très souvent infectée par les excréments des bêtes venant paître sur les hauts alpages, il faudra donc la filtrer et la faire bouillir avant de l'ingérer.
  La neige et la glace devront obligatoirement être fondues et reminéralisées, vous évitant ainsi un état hypothermique.

DIFFÉRENTES TECHNIQUES DE COLLECTE ET PURIFICATION DE L'EAU

- technique du trépied avec trois niveaux ;
- clématite pour faire une paille et boire dans les flaques ;
- bambous géants (plus de 20 m de haut et 10 cm de diamètre) ;
- arbre fontaine ;
- stock d'eau au milieu d'arbres ;
- palmier du voyageur ;
- la rosée ;
- filtre et piège à condensation ;
- sac à transpiration ;
- récolte de l'eau ruisselant d'un tronc d'arbre avec un chèche.

TRÉPIED TROIS NIVEAUX

PIÈGE À CONDENSATION

PAILLE

SAC À TRANSPIRATION

TRONC D'ARBRE AVEC UN CHÈCHE

STOCK D'EAU AU MILIEU D'UN ARBRE

3 SAVOIR CONSTRUIRE SON ABRI

Rien ne remplacera le confort d'un chalet bien douillet ou d'une toile de tente équipée de son tapis de sol. Mais des solutions simples existent pour passer la nuit la moins mauvaise possible !

Comme le feu et l'eau, l'abri fait partie du trio pour assurer votre survie pendant plusieurs semaines. L'idée reste toujours la même, il vaut mieux connaître parfaitement deux ou trois techniques que d'essayer de tout savoir et ne rien maîtriser. Ici, j'ai sélectionné quelques types d'abris qui correspondront à vos besoins dans 99 % des cas.

Pour commencer, il faudra savoir bien analyser les matériaux facilement disponibles et regarder la qualité du sol. Les lits des rivières, les pentes trop abruptes, les zones exposées aux intempéries et les passages d'animaux seront à proscrire.

Prévoir la météo s'avère indispensable pour réussir son campement (voir p 154). Une fois votre analyse faite, allez au plus simple. La principale inquiétude des survivants est très souvent de trouver des liens pour pouvoir attacher solidement leurs constructions. Il est tout à fait possible de fabriquer de la ficelle dans n'importe quelle région du monde, mais pour ma part, je considère qu'elle n'est pas indispensable pour réussir la construction d'un bon abri.

Ainsi, en région tropicale, nous pouvons obtenir un lien extrêmement solide et résistant à la traction grâce à une écorce d'arbre ou du bambou, ou même la gangue de noix de coco détrempée pendant trois semaines, puis battue et entortillée. Mais en Europe ou en région tempérée, une bonne ronce ou une ortie tressée fera ample-

ment l'affaire ! Pas la peine de vous lancer dans la fabrication de plusieurs mètres de corde. Cela vous prendra beaucoup d'énergie et entamera votre capital survie. Concentrez-vous plutôt sur les proportions idéales de votre abri. Je pense qu'un tiers pour les corps et deux tiers pour l'air qui circule autour est un bon compromis entre la petitesse des lieux (engendrant parfois de la claustrophobie) et suffisamment d'air frais à respirer, et peu d'air à réchauffer.

ON DISTINGUE TROIS TYPES DE BIVOUACS

- *Le bivouac volontairement décidé « façon bushcraft »*
  La démarche peut s'apparenter à du camping sauvage puisque la situation est réfléchie et voulue ! Alors vous pourrez, à votre guise, vous essayer à la construction d'abris plus ou moins complexes avec les meilleurs outils que vous aurez emportés avec vous. Mais restez sur vos gardes et ne négligez jamais votre sécurité, car tous les ans nous déplorons nombre d'accidents liés directement à la fabrication de « cabanes ». Le maniement de la hache ou d'une machette est dangereux. Restez toujours concentré et faites des pauses en vous restaurant ; savourez le moment en regardant les petits oiseaux !
- *Le bivouac improvisé, si votre randonnée dure plus longtemps que prévu*
  Vous avez mal calculé vos distances, vos jambes sont fatiguées et vous décidez de vous arrêter pour la nuit. Il ne vous reste plus qu'à mettre en place votre bivouac. Essayez de démarrer les « travaux » bien avant la tombée de la nuit (deux bonnes heures avant). Même si certains penseront que vous avez totalement improvisé votre camp, vous maîtriserez vos techniques de fabrication d'abri et vous vous surprendrez à passer de bons moments le soir au coin du feu. Bravo, vous êtes un vrai « trappeur » !

- *Le bivouac d'urgence, un problème vous forçant à bivouaquer*
  Comme vous êtes une personne responsable et prévoyante, vous avez sûrement emporté de quoi faire un abri de fortune au cas où ! Il sera donc aisé de planter trois piquets et de passer la nuit sous votre bâche en attendant les secours. Même si vous ne l'aviez pas prévu, votre protection improvisée sera maîtrisée en un temps record et vous pourrez alors vous concentrer sur d'autres tâches telles que chercher de l'eau ou prévenir les secours. Mais vous saurez aussi improviser totalement un bivouac avec les éléments qui vous entourent si jamais un accident venait à stopper votre progression.

LES ABRIS AVEC UNE BÂCHE ET HAMAC

Il existe une infinité de pliages possibles avec une bâche. Voici quelques exemples de montage facile et d'autres un peu moins !

ABRI BÂCHE AU SOL

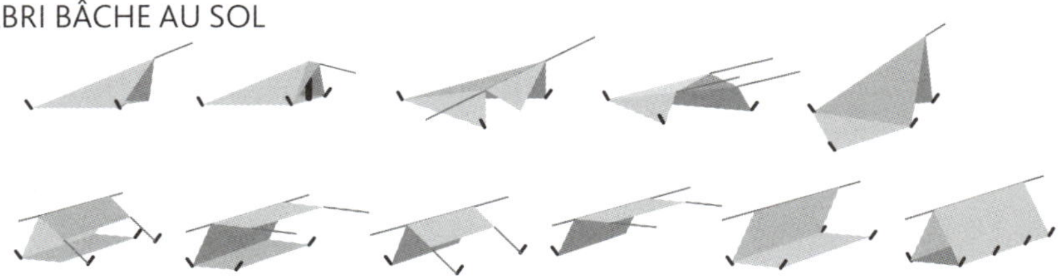

ABRI SUSPENDU

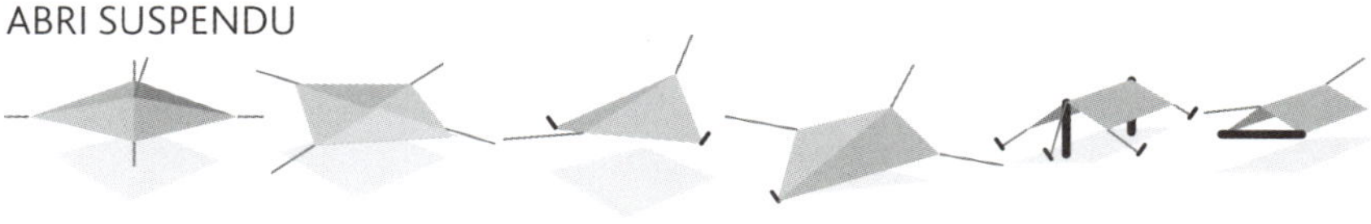

ABRI SPÉCIAL

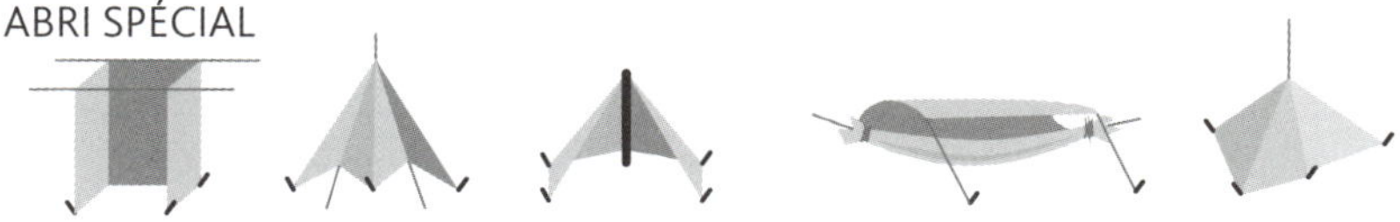

ABRI « DARK VADOR »

Bivouac d'urgence : temps de fabrication 10 minutes, convient pour 1 ou 2 personnes.

Ce pliage simple vous permettra d'être au sec et de vous isoler du sol. Un piquet en bois ou un bâton de ski, trois sardines en bois, et le tour est joué ! Faites attention à ne pas mettre l'ouverture côté vent.

BIVOUAC DE JUNGLE AVEC HAMAC

Bivouac volontaire : temps de fabrication 1 heure, convient pour 1 à 5 personnes maximum.
Un petit savoir-faire sera de mise pour tendre correctement votre hamac entre deux arbres (plus le hamac sera tendu, plus vous dormirez à plat, mais plus vous serez comprimé dans votre toile).

LES ABRIS AVEC DES BRANCHES D'ARBRE

ABRI « CERCUEIL »

Bivouac d'urgence : temps de fabrication 1 heure, convient pour 1 personne.
Il sera important de prendre les mesures de votre sac de couchage : + 10 % pour avoir suffisamment de place à l'intérieur et ne pas taper les bords, au risque de tout casser !

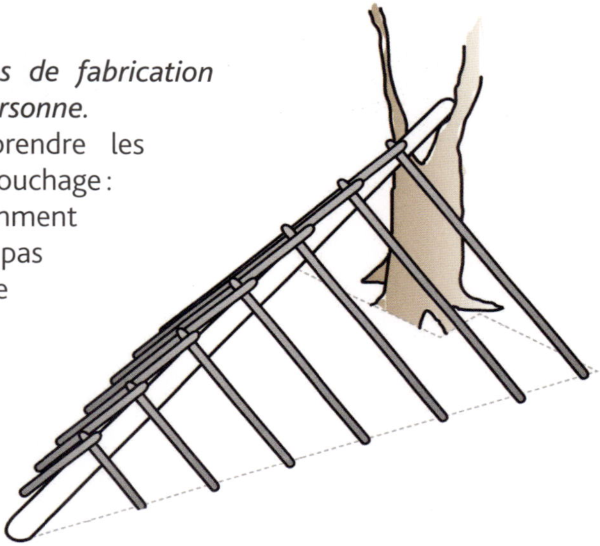

ABRI « UN PAN »

Bivouac d'urgence : temps de fabrication 1 heure, convient pour 1 personne.

En s'aidant de la configuration de la forêt, il vous sera facile de trouver un ou deux arbres sur lesquels vous pourrez faire tenir – sans corde – votre poutre maîtresse (assemblage en Y). Assurez-vous que le sol soit plat et sec. Mesurez bien le volume intérieur : sa longueur et sa hauteur sous « plafond » ; ne vous lancez pas dans la fabrication d'une maison mais veillez à ce que la pente de votre abri soit à environ 45° pour espérer faire ruisseler l'eau plus rapidement et donc résister un peu plus longtemps à la pluie !

ABRI « DEUX PANS »

Bivouac improvisé ou volontaire : temps de fabrication 2 à 4 heures, convient pour 1 à 15 personnes maximum.

C'est exactement la même technique de fabrication que l'abri « un pan », mais en doublant la surface intérieure. Il peut être réalisé pour plus de 15 personnes (mon record : 18 personnes).

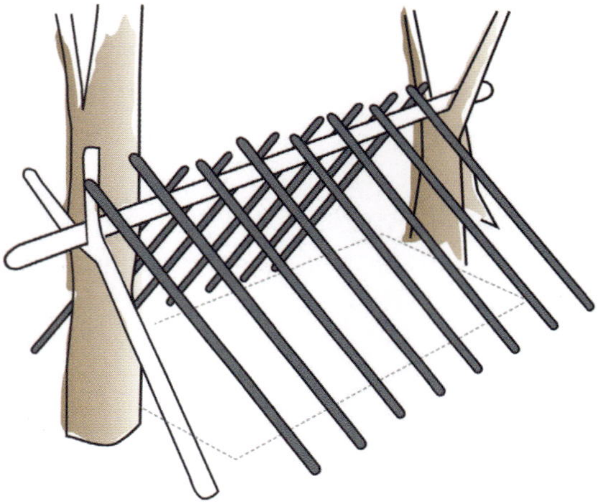

ABRI AVEC COUCHE SURÉLEVÉE DU SOL

Bivouac improvisé : temps de fabrication 2 à 4 heures, convient pour 1 à 10 personnes maximum.

Convient pour toutes les sortes d'abris. Il vous faudra beaucoup de matière première pour réaliser ce plancher (longs bouts de bois droits).

Mais cela vaudra vraiment le coup ! Pas si inconfortable que cela, il vous permettra d'être surélevé de quelques centimètres d'un sol détrempé et de rester au sec. Vous pourrez pallier les différences de niveau avec des végétaux pour que votre dos ne soit pas en miettes !

ABRI SÉDENTAIRE AVEC MURS DÉFLECTEURS

Bivouac improvisé et volontairement décidé : temps de fabrication 2 à 4 jours.

Ce genre de construction vous demandera beaucoup de travail, il s'agit là bien d'un camp de base avec ses latrines, son salon, sa chambre…

BIVOUAC EN BAMBOU

Bivouac improvisé : temps de fabrication 3 heures, convient pour 1 ou 2 personnes maximum.

Sans une bonne machette, il sera impossible de construire ce bivouac. Le bambou vous facilitera la tâche, en vous fournissant poutres, planches et liens, mais attention tout de même à ses poils urticants et à ses angles très coupants !

LES ABRIS POLAIRES

Établissez votre campement toujours exposé sud-est (le côté du soleil levant), à mi-pente (pour éviter les vents des sommets et le froid s'accumulant dans les combes). Car après une nuit humide ou « mouvementée », les premiers rayons du soleil vous remonteront le moral et vous réchaufferont immédiatement. Si vous avez décidé de construire votre abri en neige, étudiez attentivement votre matériau de base. Son épaisseur, ses caractéristiques mécaniques, ses différentes couches collantes ou pas, poudreuses ou gelées. Dans tous les cas, vous aurez une solution d'assemblage qui influencera votre choix d'abri et la méthode de construction.

TRANCHÉE DE NEIGE

Bivouac d'urgence : temps de fabrication 1 à 2 heures, convient pour 1 ou 2 personnes.

Facilement réalisable dans une couche de neige compacte et collante d'un mètre d'épaisseur minimum. C'est un abri parfait pour un arrêt de courte durée. Mais vous allez fabriquer un abri piégeant l'air froid, donc soyez bien couvert !

ABRI NATUREL

Bivouac d'urgence : temps de fabrication 2 heures, convient pour 1 à 4 personnes.

Les abris les plus simples sont souvent déjà presque fabriqués par la nature ! Ainsi, un tronc d'arbre couché ou de la neige accumulée autour d'un arbre peut devenir un lieu parfait pour la nuit. On trouve aussi très souvent des trous d'air recouverts de neige à la base des grands arbres, vous offrant une bonne protection contre les vents glacés.

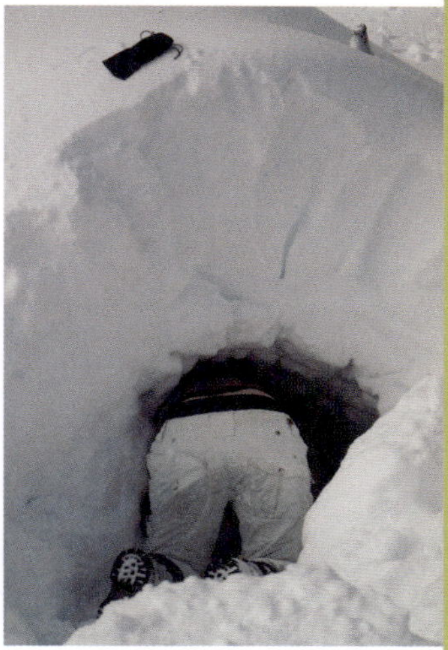

ABRI « GROTTE »

Bivouac improvisé : temps de fabrication 2 heures, convient pour 1 ou 2 personnes.

Faites un trou à l'abri des vents dans une congère de neige. Creusez un espace suffisamment grand pour y loger allongé. Servez-vous de la neige extraite pour construire un tunnel d'entrée.

Fabriquez des banquettes surélevées d'au moins 40 cm de votre sol d'entrée, ainsi, vous piégerez l'air froid loin de votre zone de couchage (l'air froid est plus lourd que l'air chaud). Assurez-vous d'avoir 40 cm d'épaisseur de voûte au-dessus de votre tête.

Lissez minutieusement les parois intérieures. Faites un trou d'aération permettant à l'air trop chaud généré par votre présence et chargé en monoxyde de carbone (gaz inodore et mortel) d'être évacué, car la température, dans ce genre d'abri confiné, si elle est trop élevée (plus de 0 °C) peut provoquer la fonte de la structure. Pensez aussi à délimiter une zone de sécurité à l'extérieur de votre abri pour que personne ne marche sur votre voûte, risquant de la faire s'effondrer.

IGLOO

Bivouac volontaire : temps de fabrication 2 à 4 heures, convient pour 2 à 7 personnes maximum.

À l'aide d'un bâton, tracez un cercle de 3 m de diamètre (pour 5 personnes). Puis tassez la neige en marchant en file indienne sur votre tracé. Fabriquez vos briques de neige tassée (40 x 40 x 20 cm environ). Si la neige est trop poudreuse, tassez-la ou cherchez celle ayant pris le soleil, elle sera plus collante. Sinon, creusez et trouvez la couche de neige inférieure, elle sera plus glacée et plus compacte. Pour fabriquer efficacement, servez-vous d'une pelle, d'une machette, ou d'une armature de sac, le mieux étant une scie à neige. Un sac plastique ou une bassine peut aussi servir de moule. Lancez la chaîne de production.

Posez les briques les unes après les autres et assurez-vous qu'elles se collent entre elles. Inclinez les briques dès le premier rang posé (cela vous évitera de monter trop droit et de ne jamais pouvoir finir votre voûte). Puis construisez votre igloo en faisant monter les blocs en spirale. Simultanément, vos deux lisseurs colmateront les trous et lisseront la voûte. Le sol de l'abri se tassera naturellement sous vos pas. Dès la deuxième rangée de briques posée, pensez à faire le tunnel d'entrée. Il doit être assez long (1 m minimum). Vous pourrez faire en même temps le piège à froid. Les finitions vous prendront encore du temps, mais elles feront la différence : ainsi, faites un trou d'aération au sommet de votre voûte pour évacuer l'air le plus chaud et chargé en monoxyde de carbone, lissez le mieux possible l'igloo et faites une petite rigole au pied des bords intérieurs pour évacuer d'éventuels ruissellements. Tapissez le sol de branchages pour vous isoler.

ABRI « QUINZEE »

Bivouac d'urgence : temps de fabrication 2 à 4 heures, convient pour 1 à 4 personnes maximum.

Il est techniquement plus facile à ériger que l'igloo (voir ci-contre), mais il vous faudra un bon niveau physique pour arriver à quelque chose de correct ! Tout d'abord, rassemblez vos sacs sur l'emplacement choisi pour construire l'abri. Recouvrez-les de branches et de brindilles en tout genre. Si vous possédez une bâche, recouvrez le tout. Puis ensevelissez votre tas de sacs et branchages avec de la neige, beaucoup de neige ! Tassez-la régulièrement. Une fois cette opération terminée, enfoncez de 30 cm environ sur votre dôme – à espaces réguliers – des petits bâtons, ils vous serviront à maintenir une épaisseur régulière lors de l'opération d'évidage. Si la neige est très poudreuse, attendez une bonne heure pour qu'elle s'agglomère bien puis creusez à la base de votre tas de neige pour retrouver vos sacs et vos branchages. Enlevez-les, puis creusez harmonieusement jusqu'aux petits bâtons. N'oubliez pas le lissage de la voûte, le piège à froid, le sas d'entrée, le trou d'aération et l'isolation du sol (même type de fabrication que l'igloo).

PARTIE 4

CONNAÎTRE LES TECHNIQUES DE SURVIE

1 MAÎTRISER L'ORIENTATION

Parce qu'il est indispensable de savoir d'où l'on vient, de comprendre où l'on est et de prévoir où l'on va, savoir s'orienter est impératif en randonnée. Aujourd'hui, notre mode de déplacement a été complètement révolutionné et facilité grâce aux géolocalisateurs de précision. Nul besoin de connaître les rudiments de l'orientation pour se rendre dans tel ou tel endroit. Mais lors d'une panne de vos appareils et sortis des sentiers balisés, la plupart des gens ne savent plus trouver leur direction. Pourtant, la clef d'une bonne orientation reste le bon sens, l'observation et ensuite la pratique. Des techniques simples et accessibles à tous permettront de vous guider « à l'ancienne ». Alors, la prise de cap avec une boussole ou les étoiles deviendra une véritable richesse qu'il ne faudra pas négliger et perdre.

LES INSTRUMENTS : VOTRE CARTE

Votre carte ne sera, ni plus ni moins, que la représentation en deux dimensions d'une réalité en trois dimensions ! Il est donc essentiel de bien interpréter ses cartes pour faire le lien entre elles et le terrain.

La première chose à faire sera de bien les choisir. Si vous faites de la randonnée, une carte IGN sera beaucoup plus appropriée qu'une carte routière du même lieu. Renseignez-vous avant de partir et procurez-vous les dernières éditions comportant les chemins de randonnée mis à jour.

LA LÉGENDE

Toutes les cartes ont une « légende ». Elle est située dans un « cartouche ».

Elle vous permettra de traduire et comprendre toute une batterie de signes, symboles et couleurs que vous retrouverez sur votre carte :

- des chemins à suivre,
- routes, voie vicinale,
- chemins de fer,
- frontière,
- mines,
- églises,
- des points d'eau, rivières, fleuves, sources,
- de la location des campings,
- habitations,
- du relief, dénivelé, pente abrupte et trajet accidenté,
- du type de végétation…

L'ÉCHELLE

Toute bonne carte qui se respecte aura une échelle ! Elle vous permettra d'établir avec précision les distances et les grandeurs réelles. L'échelle indique combien de fois il faudra agrandir la carte pour atteindre la grandeur réelle. Plus le chiffre après le « 1/ » sera petit et plus vous aurez une carte détaillée.

Exemple d'échelles les plus courantes rencontrées pour faire de la randonnée :

- 1/24 000e – 1 cm sur votre carte correspondra à 240 mètres en réalité.
- 1/50 000e – 1 cm sur votre carte correspondra à 500 mètres en réalité.
- 1/100 000e – 1 cm sur votre carte correspondra à 1 kilomètre en réalité.

LE « QUADRILLAGE »

Le quadrillage est en fait la somme de lignes horizontales (les parallèles) et de lignes verticales (les méridiens), toutes numérotées (voir dans la marge de la carte). Ainsi, vous pouvez à tout moment estimer votre position comme vous l'auriez fait en essayant de deviner l'emplacement d'un navire adverse en jouant à la « bataille navale ». Aussi, elles vous aideront à mesurer vos distances rapidement et simplement. Exemple : à l'échelle 1/25 000e, un carré égal à 1 km de côté.

LES COURBES DE NIVEAU

Elles sont là pour vous indiquer les différences de niveau du sol dans la troisième dimension sur un support en deux dimensions. Elles permettent de décrire la topographie du terrain en détail. Ainsi, tous les points situés à une même altitude formeront une ligne appelée « courbe de niveau ». Vous pourrez ainsi traduire le relief avec précision et imaginer votre environnement.

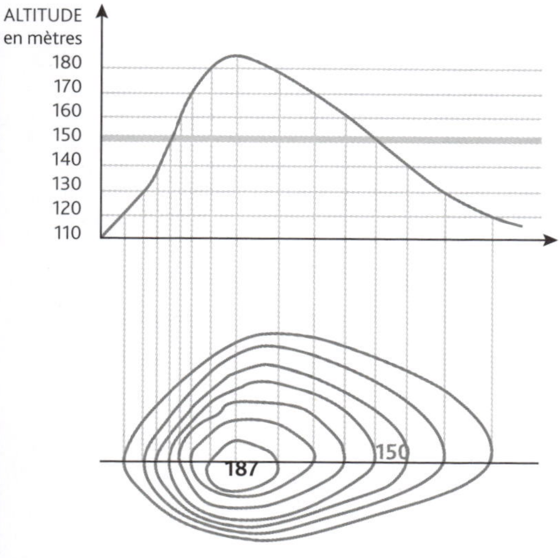

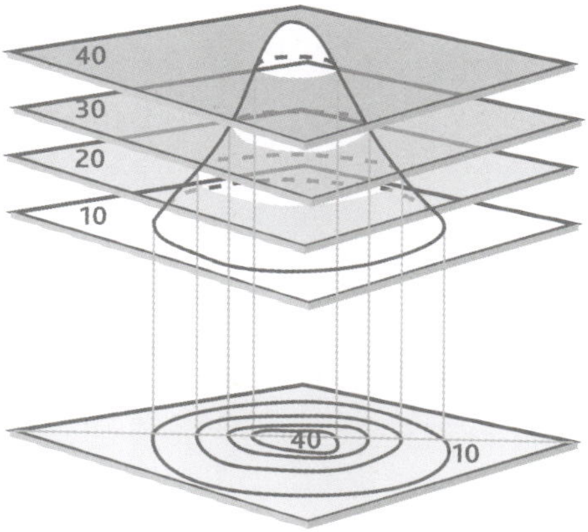

LA ROSE DES VENTS

C'est un symbole en forme d'étoile qui vous indiquera les quatre points cardinaux (le nord, l'est, l'ouest et le sud). Observez bien, elle doit se trouver en haut à droite ou dans une partie moins détaillée comme un lac ou un désert. À noter que sur les cartes IGN, il n'y a pas de rose des vents. Vous prendrez alors les méridiens (voir page précédente) pour savoir la direction du nord.

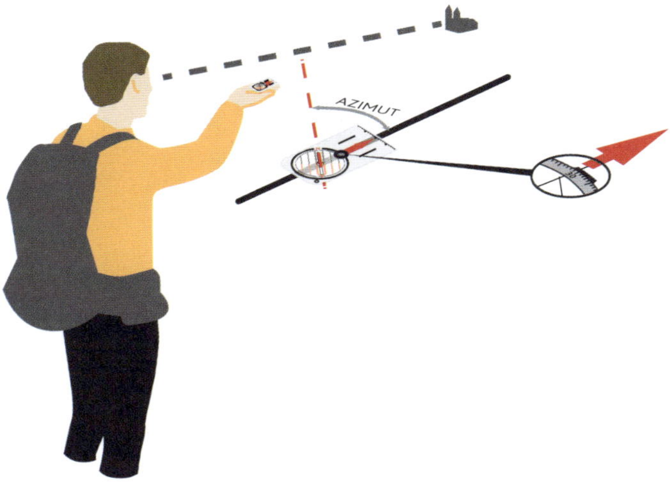

LES INSTRUMENTS : VOTRE BOUSSOLE (ET SA CARTE)

La particularité de la boussole réside dans son aiguille magnétique qui s'oriente sur un axe nord-sud automatiquement. Généralement, le nord est marqué en rouge sur l'aiguille. Attention de bien positionner la boussole à l'horizontale, hors de portée d'objets métalliques et magnétiques pouvant la « déboussoler ».

La principale utilité de la boussole sera de pouvoir orienter précisément votre carte en alignant les deux nord (voir photo). Mais elle pourra aussi déterminer votre emplacement précis (la triangulation), ou vous donner un cap à suivre pour atteindre un point. Nous n'aborderons pas ici les différences entre le nord magnétique, le nord polaire et le nord géographique. Cela aurait pour effet de vous embrouiller et d'opacifier votre compréhension.

ORIENTER SA CARTE AVEC LA BOUSSOLE

Mettez votre carte à plat sur une table ou par terre. Trouvez la rose des vents. Vérifiez qu'aucune interférence électromagnétique ne vienne troubler le bon fonctionnement de votre boussole (comme une pointe en fer ou un téléphone portable laissé dans l'environnement proche de la boussole). Puis posez votre boussole directement sur la rose des vents. Alignez le centre de la boussole avec celui de la rose des vents. Repérez le nord inscrit sur la rose des vents et tournez la carte jusqu'à juxtaposer le nord de la rose des vents et l'aiguille rouge (indiquant le nord) de votre boussole. Vous venez d'orienter votre carte par rapport à la réalité géographique du terrain ! Avec un peu plus d'habitude, vous alignerez votre boussole aux méridiens ou au bord de la carte qui indiquent eux aussi le nord.

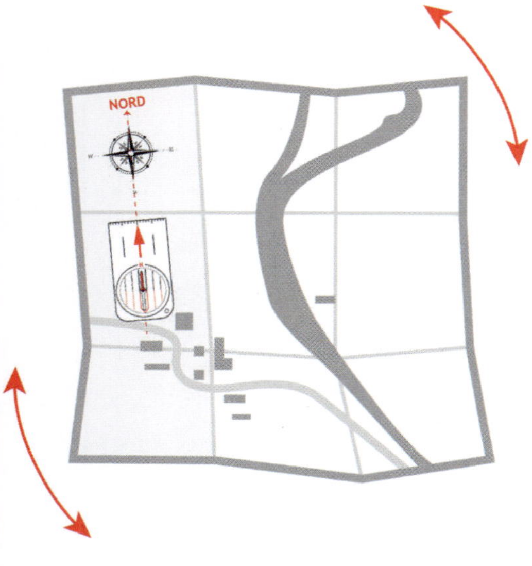

PRENDRE UN CAP OU CHOISIR UN AZIMUT

Mettez votre carte à plat sur une table ou par terre, tracez à l'aide d'un objet droit et d'un crayon une ligne droite entre votre position et votre point d'arrivée souhaité. Alignez le nord de votre carte avec celui de votre boussole (flèche rouge) et tournez le cadran pour aligner aussi le N du cadran sur la flèche rouge. Puis faites glisser la boussole sur la carte au point où vous êtes. Il ne vous reste plus qu'à lire le chiffre du cadran de votre boussole qui passe au-dessus de votre tracé. Cette mesure est tout simplement votre azimut, c'est la direction en degrés que vous devrez prendre. Vous pourrez ranger votre carte et ne vous servir que de votre boussole. Mais attention, vous serez en « mode sanglier » et le « tout droit » sera de mise !

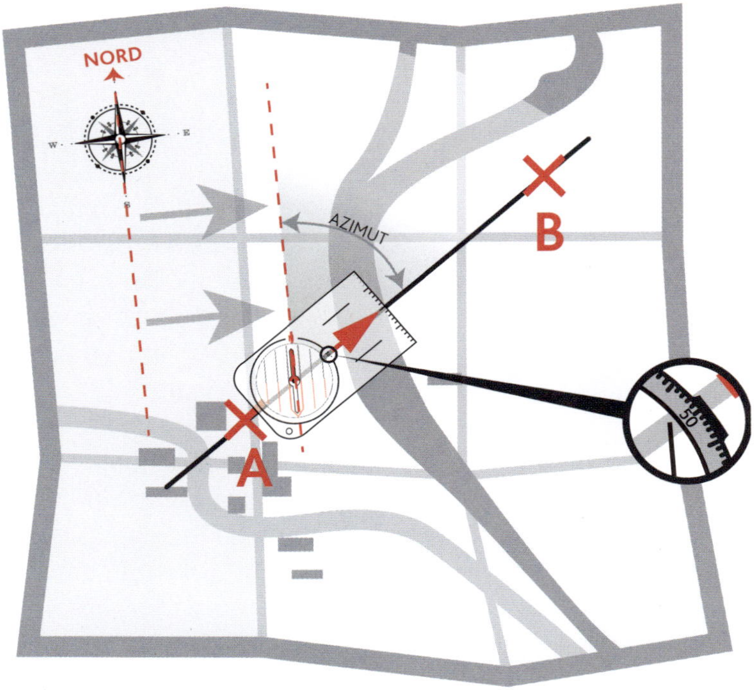

EFFECTUER UNE « VISÉE »

Prenez un cap (ci-avant). Une fois le cap trouvé, effectuez une visée. Prenez la boussole et repérez un point distinctif dans le paysage sur le cap que vous avez trouvé. Plus votre point sera loin et moins vous aurez de visée à effectuer et moins vous ferez d'erreur. Une fois l'élément distinctif dans le paysage repéré, vous pourrez ranger votre boussole et partir en direction du point. Cette technique vous permettra de tenir un cap en empruntant le chemin le plus praticable, sans pour autant aller en ligne droite en « mode sanglier » !

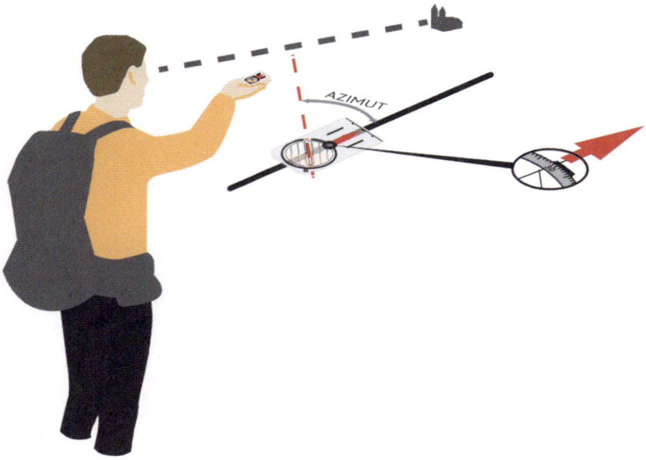

TROUVER SA POSITION OU EFFECTUER UNE « TRIANGULATION »

Vous êtes perdu mais vous avez une carte de la région et une boussole. La technique de la « triangulation » va vous servir à trouver votre position sur la carte.

Trouvez un endroit dégagé en hauteur de préférence. Posez la carte à plat sur une table ou par terre. Orientez-la correctement grâce à votre boussole (voir page précédente). Maintenant, regardez autour de vous et identifiez des points remarquables, facilement repérables sur votre carte, comme un clocher d'église, une montagne, une vieille grange, etc. Visez à l'aide de votre boussole un des points repérés en prenant soin d'aligner toujours l'aiguille et le cadran sur le N. Vous obtenez une mesure que vous reportez sur votre carte sous forme de ligne droite, passant par le point distinctif (voir schémas). Puis refaites cette opération avec deux autres points, vous obtiendrez trois lignes droites qui formeront un petit triangle. Le travail est terminé ! Vous êtes positionné à l'intérieur de ce triangle.

Attention, plus le triangle sera petit, plus votre mesure sera exacte et précise. Si votre triangle est gigantesque, vous avez sûrement fait une erreur !

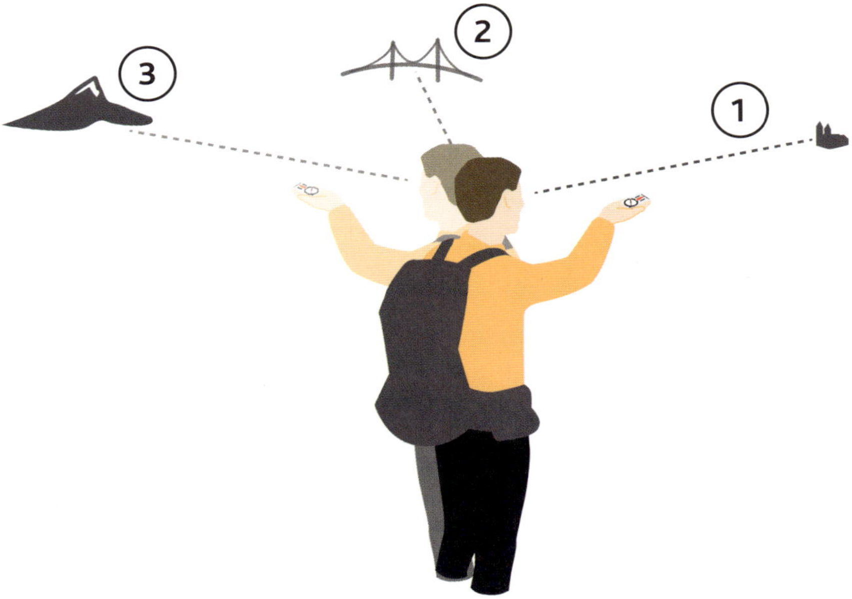

1

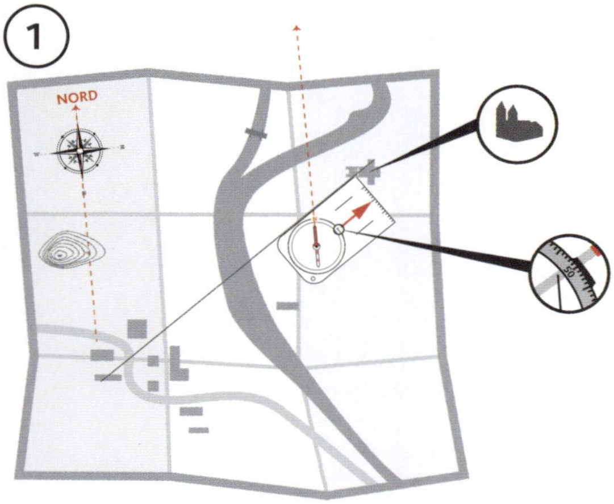

2

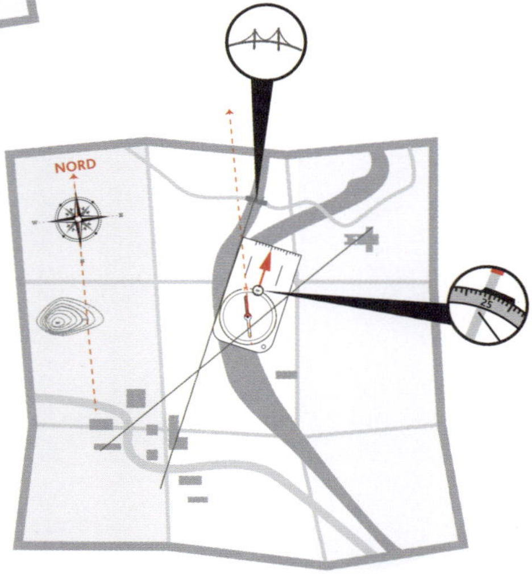

3

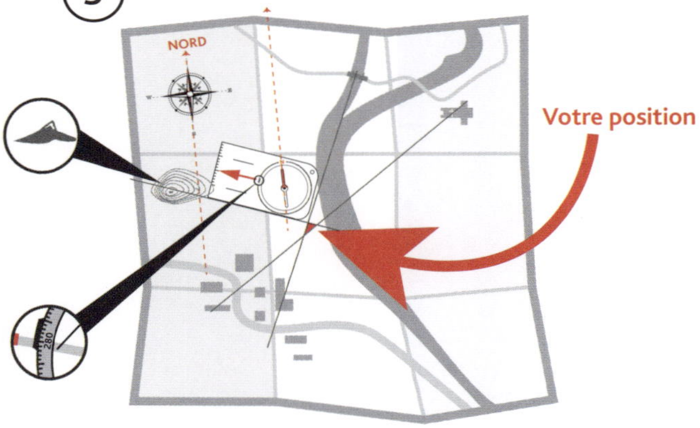

LES GRANDS PRINCIPES DE DÉPLACEMENT EN ORIENTATION

En situation de survie, dans la majeure partie des cas, bouger ne fera qu'empirer votre situation. Mais après avoir pesé le pour et le contre, vous avez décidé malgré tout de rallier une zone plus sûre, plus visible ou pouvant augmenter vos chances d'être secouru et donc de survivre, changer d'endroit deviendra évident !

BIEN PLANIFIER SON ITINÉRAIRE

Essayez de séquencer votre itinéraire suivant les points remarquables. Faites des étapes suivant les difficultés, établissez des points de regroupement et des haltes aux points d'eau ou après une grande montée.

LES GRANDS PRINCIPES

- Une heure de marche = 5 km parcourus sur terrain plat.
- Une montée de 300 m = se fait en 30 minutes.
- Enlevez 10 minutes à votre temps total si votre périple comporte 300 m de dénivelé négatif.

SAVOIR LA DISTANCE PARCOURUE SANS PODOMÈTRE

Comptez tout simplement vos pas : 120 pas = 100 m environ. Pour ne pas trop s'embrouiller l'esprit, mettez en place un système de comp-

tage pour grandes distances : prenez par exemple 10 cailloux dans votre poche droite et tous les 100 m (120 pas), passez un caillou dans votre poche gauche ; quand vous n'aurez plus de caillou dans votre poche droite, vous aurez parcouru 1 km. Dans le même ordre d'idées, faites une entaille sur un bâton tous les 100 mètres puis comptez le nombre d'entailles pour calculer votre distance parcourue.

TECHNIQUE DE DÉPLACEMENT

Vous aurez beau prévoir le plus méticuleusement possible votre déplacement, une fois sur le terrain, une dose de bon sens et d'adaptation vous sera nécessaire.

- Utilisation des repères sécurisants
- Compensation : erreur et rectification
- Évitement d'un obstacle, colline, forêt, etc.
- Marche de franchissement en zigzags

AVOIR UNE LIGNE D'ARRÊT

La ligne d'arrêt est une ligne imaginaire ou physique que vous aurez tracée ou identifiée sur votre carte. Cela pourra être une route, une rivière, l'orée d'un bois, etc. Elle sera perpendiculaire à votre progression et située après votre objectif de telle sorte que si vous ratez votre objectif, vous tomberez sur votre « ligne d'arrêt » et vous pourrez vous rendre compte que vous êtes allé trop loin. Cette technique vous permettra de ne pas vous enfoncer dans l'erreur et de réagir très vite.

S'ORIENTER AVEC LES ÉTOILES

HÉMISPHÈRE NORD

Dans l'hémisphère Nord, il vous faudra repérer l'étoile Polaire (appelée aussi « Polaris » ou « étoile du Nord ») à l'aide de Cassiopée ou de la Grande Casserole (faisant partie de la Grande Ourse).

C'est la seule étoile fixe dans le ciel, pivot de toutes les autres étoiles et constellations, elle se trouve – à peu près – dans l'axe de rotation de la Terre et vous indiquera la direction du nord (voir schéma).

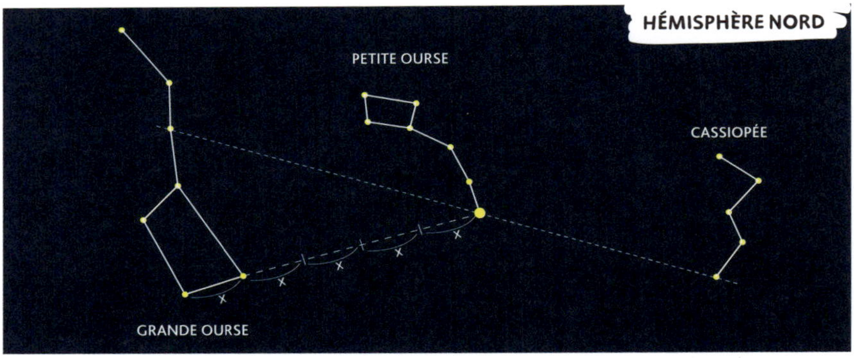

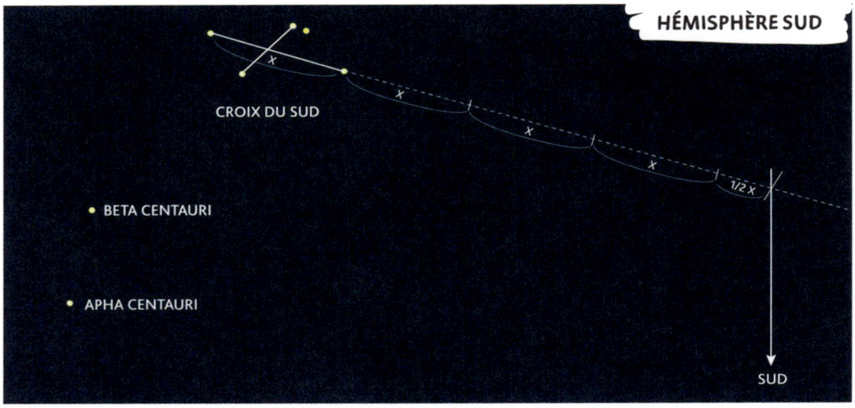

HÉMISPHÈRE SUD

C'est un peu plus compliqué, car il n'y a pas d'étoile assez remarquable pour repérer directement le sud. La Croix du Sud est facilement repérable. Elle se trouve le long de la Voie lactée (voir schéma).

S'ORIENTER AVEC LE SOLEIL

LE PLANTER DE BÂTON !

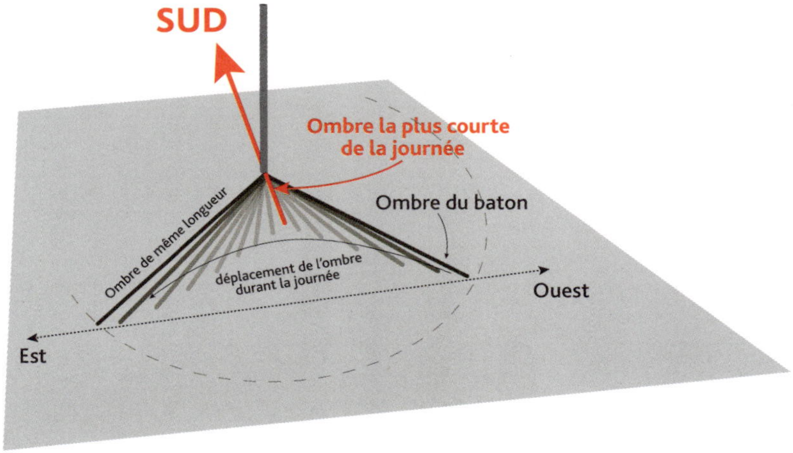

Plantez un bâton le plus verticalement possible dans le sol. Le soleil provoquera une ombre projetée du bâton sur le sol. Marquez avec un petit bâton ou caillou l'extrémité de l'ombre. Puis attendez une demi-heure et renouvelez l'opération avec un autre caillou. L'ombre va diminuer et ré-augmenter. Sachant que le soleil se lève côté est et se couche approximativement à l'ouest, l'ombre la plus courte de la journée indiquera l'axe sud-nord.

Vous pourrez aussi tracer un cercle d'un rayon correspondant à la longueur de votre premier relevé d'ombre. Alors vous attendrez que l'ombre du bâton retouche votre cercle et vous trouverez l'axe est/ouest.

AVEC VOTRE MONTRE ET LE SOLEIL

Mettez-vous à l'heure solaire (en France il vous faudra reculer d'une heure en hiver et de deux heures en été, ainsi quand il est 11 h 00 au mois d'août, il est en réalité 9 h 00 à l'heure solaire).

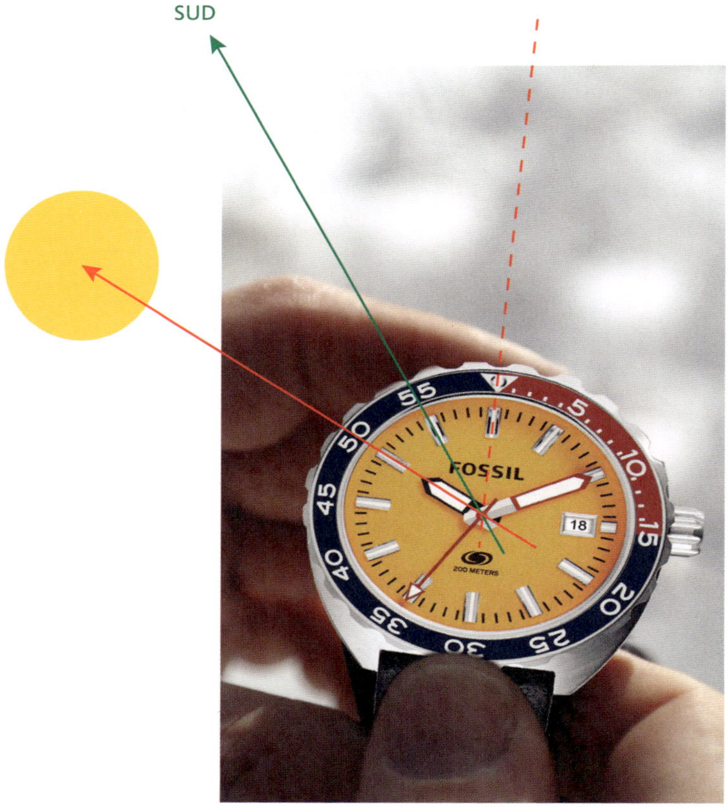

HÉMISPHÈRE NORD

Pointez la petite aiguille des heures vers le soleil. Puis faites la bissectrice entre la petite aiguille et le 12 du cadran. Elle vous indiquera le sud.

HÉMISPHÈRE SUD

Pointez le 12 du cadran vers le soleil. Puis faites la bissectrice entre le 12 du cadran et la petite aiguille des heures. Elle vous indiquera le sud. Cette technique fonctionne parfaitement lorsque le soleil est bas sur l'horizon, mais elle devient compliquée à exécuter proche de l'équateur (voir schéma).

S'ORIENTER AVEC LA LUNE

La lune s'est levée avant le coucher du soleil : le côté éclairé montrera la direction de l'ouest.

La lune se lève après minuit, elle indique l'est (le lever du soleil). De la même façon, le sud sera trouvé (mesure approximative) en fabriquant une droite passant par les deux pointes du croissant de lune et allant jusqu'à l'horizon.

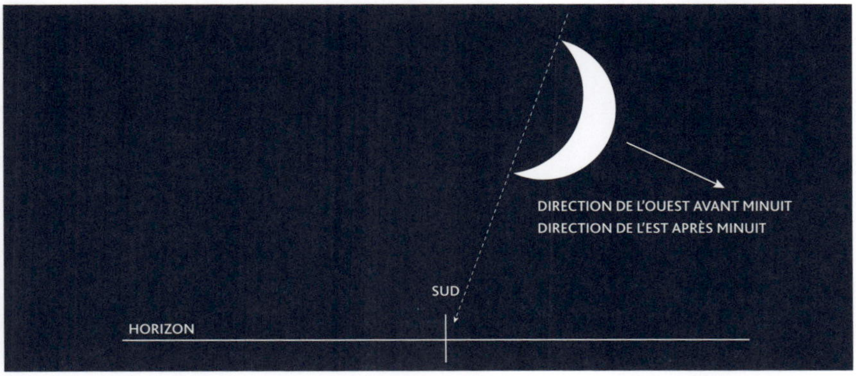

S'ORIENTER AVEC LES SIGNES DE LA NATURE

Sans les outils modernes, il sera difficile de prendre un cap avec exactitude. La nature pourra vous orienter et vous soumettre des indications. Mais attention, elles seront peu précises. J'aime à dire que cela ne sera que des indices qui additionnés pourront vous indiquer une direction.

LES ARBRES

- *Mousse et les lichens sur les arbres :* la mousse a tendance à se développer dans les endroits ombragés et humides. Sur le tronc d'un arbre, elle sera plus présente du côté nord, nord/est.
- *Feuillage des arbres :* les feuilles et branchages des arbres et arbustes seront plus denses du côté où la lumière tape. C'est-à-dire du côté sud.
- *Arbres tombés ou penchés :* sur plusieurs années, les arbres d'une forêt subissent diverses intempéries. Les coups de vent déracinent certains arbres ou les font infléchir. Observez la tendance générale d'arbres couchés ou penchés, vous en déduirez la direction des vents dominants. Si vous êtes dans une forêt du sud-ouest, les vents dominants viennent de l'océan Atlantique, donc de l'ouest. Les arbres auront tendance à tomber en direction de l'est…

LES ANIMAUX

- *Nid dans les arbres :* les oiseaux ont tendance à faire leur nid du côté des branches les moins exposées aux vents et à la pluie. Dans le sud-ouest, il sera donc plutôt à l'est dans un arbre, car les vents dominants et la pluie viennent de l'ouest.

- *Terrier d'animaux :* certains animaux comme les lapins creusent des terriers et en font leur résidence principale. Ils prennent toujours soin de les établir à l'abri des intempéries et des vents dominants. Dans le sud-est de la France, les terriers de lapin seront plutôt orientés sud (sortie vers le sud) pour se protéger du mistral qui est un vent venant du nord.

LES FLANCS DES COLLINES ET FACES DES MONTAGNES

Les flancs des collines et les faces des montagnes offrent très souvent des différences de végétation. Les faces « orientées nord » seront plus arides et minérales que les faces « orientées sud ». La végétation sera plus rare et plus petite sur les faces au nord que sur les faces au sud. Les neiges « éternelles » subsisteront côté nord, alors qu'elles fondront côté sud…

2 S'ALIMENTER, CONNAÎTRE LES FRUITS, PLANTES ET ANIMAUX COMESTIBLES

Nous pouvons tous tenir plusieurs semaines sans manger. Dans les premiers temps, se nourrir n'est pas une priorité absolue pour survivre. Mais le manque d'alimentation vous fera perdre de précieuses forces au fil des jours. Nous pourrions comparer votre état chronique sans manger à un escalier que l'on descend. En haut des marches : votre état de forme normal, en bas des marches : la mort. Vous passerez par des étapes de « fringale », de dépression et d'euphorie, de découragement et d'optimisme, mais vous descendrez implacablement l'escalier ! Le petit jeu consistera à tout faire pour que vos marches soient les plus larges et les moins hautes possible. Ainsi votre descente se fera lentement et vous tiendrez très longtemps, mais si vous n'arrivez pas à sortir de cette situation, vous finirez par mourir de faim !

Donc, savoir reconnaître les végétaux comestibles, chasser, piéger s'avérera indispensable.

La nature, au fil des saisons, nous offre une multitude d'aliments que nous pouvons très bien consommer sans risques. Cueillir des plantes pour s'alimenter s'avère très rentable pour un *survivor*. Le rapport « effort fourni/gain » est excellent !

Mais ne vous attendez pas à trouver 3000 calories de plantes et d'animaux à consommer par jour ! Je vous recommanderai de ne pas vous attarder sur les champignons, ou même d'éviter de les consommer. En effet, ils risqueront plus de vous empoisonner que de vous nourrir.

UN GRAND PRINCIPE

Les fruits aux couleurs foncées sont très souvent mangeables, alors que les fruits aux couleurs claires, blancs, jaunes, ne le sont que rarement. Si vous avez un doute, frottez légèrement votre trouvaille sur votre peau (creux du coude par exemple) et attendez une réaction cutanée. Si celle-ci n'apparaît pas, faites la même opération sur vos lèvres. Si tout se passe bien, détachez-en un gramme et placez-le sur votre palais. Si après un instant, tout va bien, ingérez un tout petit bout de plante ou de fruit et patientez une heure, puis doublez les doses en doublant le temps d'attente.

Si la plante ou le fruit est comestible vous le saurez, mais au bout de beaucoup de temps ! Vous pouvez faire ce test avec les viandes et les poissons.

EN FORÊT ET CAMPAGNE « EUROPÉENNE » (ORDRE ALPHABÉTIQUE)

FRUITS

ARBOUSIER

Mûr en automne à proximité de résineux. Ingéré en grande quantité, il peut provoquer quelques dérangements gastriques.

AUBÉPINE

Mûre en automne, les branches de l'arbuste peuvent être mangées en salade.

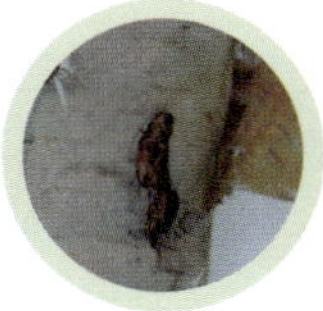

BOULEAU

Mangez la matière la plus tendre sous l'écorce, mais vous pouvez aussi boire son jus au printemps.

CHÂTAIGNE

Mûre en automne, il est possible d'en ramasser et d'en manger jusqu'au mois de mai.

ÉGLANTIER

Le fruit le plus riche en vitamine C de la forêt. Véritable dopant, il renferme néanmoins du poil urticant bien connu sous le nom de « poil à gratter ».

ÉPINE-VINETTE

Ses fruits rouges ressemblent à des grappes de raisins allongés. Acides en bouche, ils n'en sont pas moins riches en vitamine C. Les jeunes feuilles, elles aussi, se mangent.

FIGUE

C'est un fruit très fragile qui ne supporte pas le stockage ni le transport. Beaucoup d'insectes sont attirés par le sucre de ces fruits, attention aux piqûres !

FRAISE DES BOIS

Ce petit fruit sucré pousse au printemps en tapis dans les sous-bois. Vérifiez que les renards ou les chiens n'ont pas uriné dessus, au risque de vous transmettre l'échinococcose.

GENÉVRIER

Parfois poivré et sucré, il agrémentera toutes vos viandes et poissons. Attention à ne pas en abuser, car la baie est diurétique et peut irriter les reins.

GLAND DE CHÊNE

Une grosse préparation sera nécessaire pour les consommer. Enlevez la coque qui les protège et rincez abondamment dans de l'eau courante. Puis faites-les bouillir dans beaucoup d'eau, et au cours de la cuisson, changez l'eau au moins deux fois. Au bout d'une heure, ils seront mangeables !

HÊTRE

Confectionnez-vous des salades grâce aux jeunes feuilles de l'arbre. Les faines (ses fruits) se mangent crues, ou légèrement grillées.

IF (BAIE)

La baie peut être ingérée, mais son noyau, lui, est responsable de la mort de milliers d'animaux et d'humains depuis le Moyen Âge. Extrême prudence !

MERISE

Aussi bonne que nos cerises, mais légèrement plus petite.

MÛRE

L'un des fruits les plus abondants durant la fin de l'été. Recherchez les mûres noires et exposées au soleil, ce sont les plus savoureuses.

MYRTILLE

Petit fruit bleu que tout le monde reconnaît. Il est merveilleusement agréable de la déguster crue en grosses quantités.

NOISETTE

Se récolte en automne. Elle est très nourrissante.

PIGNON DE PIN

L'une des graines les plus nutritives de la forêt ! Vous les trouverez au pied des pins parasols, camouflés à l'intérieur de leurs pommes.

PRUNELLE

Ce fruit acide et terriblement astringent doit être consommé après les premières gelées qui le rendront moins âpre.

PLANTES, ARBRES ET RACINES COMESTIBLES

AIL DES OURS

Attention, il ressemble au muguet, qui lui est mortellement toxique. Mais vous ne pourrez pas vous tromper car il a une forte odeur d'ail.

ALLIAIRE

Possède un fort goût moutardé.

BARDANE

La meilleure partie de cette plante est sa racine, que l'on peut consommer comme un légume cuit classique. Les jeunes tiges tendres et croquantes sont savoureuses crues, après les avoir épluchées. Elle est riche en potassium, magnésium, phosphore, calcium et fer.

BERCE

Très courante, à son contact, cette belle plante peut vous provoquer des brûlures. Mais c'est un formidable légume qui remplira votre estomac ! Les feuilles et les jeunes tiges sentent la mandarine.

CAROTTE SAUVAGE

Avec exactement le même aspect que sa cousine de nos jardins, vous ne pourrez pas la rater. Sa fleur blanche possède en son centre une mini-fleur foncée ou pourpre. Les fanes peuvent aussi être consommées en salade.

CHÉNOPODE BLANC

Vous trouverez facilement cette plante en abondance aux abords des cultures et champs labourés. Les jeunes feuilles ont un goût d'épinard.

CHICORÉE

Se trouve au bord des chemins. Sa racine peut être torréfiée, pilée et infusée pour remplacer le café. Les jeunes feuilles se mangent aussi !

COQUELICOT ROUGE

Issu du Proche-Orient, nous le rencontrons partout. Cousin du pavot d'où est extrait l'opium, le bouton floral est délicieux cru, avec son petit goût de noisette.

CRESSON

Il est parfait en salade pour son goût puissant et piquant. La plante est aquatique. Assurez-vous qu'il s'épanouit dans une eau saine et qu'il n'est pas porteur de la larve de la douve du foie avant de le récolter. Si vous avez le moindre doute, faites-le cuire.

ÉPINARD DU « BON-HENRI »

Consommez les jeunes pousses comme des asperges, les feuilles comme des épinards. N'en abusez pas, car en grosse quantité, la plante peut être toxique.

ÉPICÉA

Fabriquez du thé avec les jeunes pousses. On peut aussi les manger crues en salade. Formidablement riches en vitamine C et en essence aromatique, elles vous apporteront beaucoup d'énergie.

FENOUIL

Les jeunes tiges, les graines ont un fort goût d'anis.

FOUGÈRE-AIGLE

Les très jeunes pousses de fougère se mangent comme des asperges. Prudence tout de même : il faudra prendre uniquement les « queues de violons » à peine sorties de terre (15 cm de hauteur maximum). Au-delà, elles deviennent toxiques. En revanche, les racines de la fougère peuvent être déterrées et transformées en farine.

FRAGON (JEUNE POUSSE)

Au printemps, de jeunes pousses émergent du sol. Elles peuvent être consommées comme des asperges.

GRAND PLANTAIN

Les feuilles peuvent être consommées crues ou cuites.

MARJOLAINE (ORIGAN)

Les sommités fleuries parfument les plats. Je m'en sers principalement en infusion pour parfumer l'eau que je viens de faire bouillir.

MASSETTE

La partie la plus nourrissante se trouve à l'intérieur des racines. Nous pouvons aussi manger les jeunes pousses blanches.

MAUVE

Très bon épaississant pour vos soupes, les fruits ou « fromages » sont excellents crus.

OMBILICAIRE (LICHEN GRIS OU MARRON POUSSANT SUR LES ARBRES OU LES ROCHERS)

La meilleure façon de les consommer sera de les faire tremper longuement pour les ramollir et de les faire bouillir pendant plus d'une heure. Elles peuvent aussi se consommer crues, mais avec souvent des effets secondaires tels que des irritations. Pas très goûtues, elles n'en sont pas moins très nutritives !

ORTIE

C'est la plante la plus riche de la forêt en protéines complètes. Elle contient aussi énormément de calcium, de fer et de vitamine C. Essayez de les manger crues pour absorber un maximum d'énergie, en les roulant en boules pour casser les poils urticants. Mais vous pourrez aussi les faire bouillir dans de l'eau en les cuisinant en soupe.

OSEILLE

Très acide en bouche, elle calme la soif.

OXALIS

Il pousse en sous-bois en tapis. Son goût acidulé fait penser au citron.

PANAIS SAUVAGE

La racine est riche en amidon. Son goût se situe entre le navet et la carotte.

PISSENLIT

Cette plante sauvage est certainement la plus connue de nos campagnes. Les jeunes feuilles et les boutons floraux se mangent crus en salade. Les racines, une fois torréfiées, peuvent être un substitut au café.

POURPIER

Charnu, tendre et juteux, il est riche en vitamine B et C, ainsi qu'en fer.

RUMEX ALPIN

De la même famille que l'oseille, elle est comestible. Ses feuilles et sa racine se mangent bouillies.

TAMIER

Au printemps, cueillir les tiges les plus jeunes et les préparer comme des asperges.

TILLEUL

Les premières feuilles du printemps sont mangeables crues. Elles épaissiront vos soupes. Les fleurs pourront aromatiser vos desserts et boissons. Et bien sûr, vous pourrez aussi vous faire la célèbre infusion de tilleul, qui réduira votre anxiété et votre stress !

PIÉGER ET MANGER DES ANIMAUX/INSECTES

UN GRAND PRINCIPE

Il sera beaucoup plus facile de récolter des insectes pour avoir un apport en protéines que d'essayer de chasser, pêcher ou piéger un animal. Maintenant, réussir à capturer, tuer et manger une grosse bestiole vous remontera le moral et permettra de prolonger votre survie.

Pour obtenir 100 % de résultat en piégeage :

- maîtriser parfaitement la fabrication d'un piège en tant que tel ne représente que 40 % du travail,

- connaître les habitudes, cycles, mode de vie de l'animal que vous voulez attraper représente aussi 40 % du travail,
- les 20 % restants... c'est de la chance !

Attention : en France, c'est clairement un acte de braconnage susceptible de poursuites. Si vous voulez vous exercer en conditions réelles, je vous invite à vous rapprocher de l'ONCFS, ils seront de bon conseil et vous fixeront les limites autorisées. Toujours dans un esprit d'efficacité, nous nous contenterons de quatre ou cinq méthodes qui, bien maîtrisées, seront rentables (si vous les installez en moins de 10 minutes car au-delà, vous laisserez trop de traces de votre passage et votre piège sera beaucoup moins efficace).

PIÉGER LES OISEAUX

- *Piège « en quatre » :* c'est l'un des pièges présentés dans cet ouvrage les plus compliqués à fabriquer ! Mais avec un peu d'entraînement, l'assemblage des trois morceaux de bois du « quatre » ne vous posera plus de problème. Une bûche, une pierre plate ou une planche feront l'affaire pour l'assommoir.

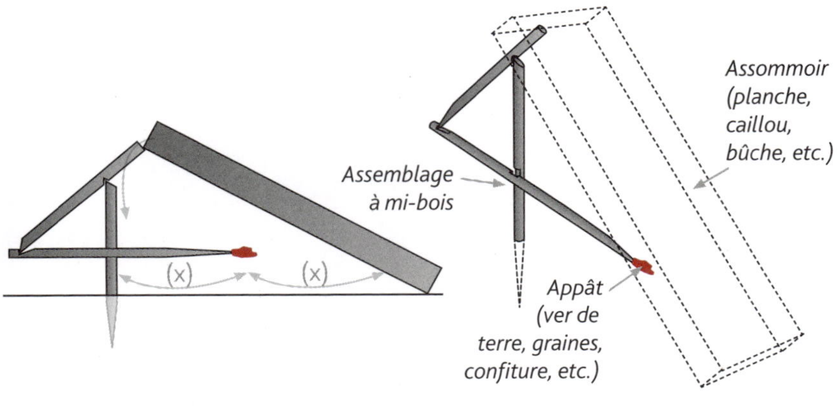

- *Piège « tendelle » :* c'est de cette manière simple et efficace que les paysans piégeaient les grives. Si vous les positionnez correctement et changez l'appât, vous pourrez prendre aussi des merles et des petits rongeurs. Dégagez le sol au préalable pour multiplier vos chances d'attraper un animal.

- *Piège « cage » :* la fabrication de la cage est beaucoup plus simple que l'on ne pense (voir schéma). Il sera parfait pour prendre des petits oiseaux.

- *Piège « perchoir » :* ce perchoir amovible vous permettra d'attraper des pigeons, pies et autres oiseaux de moyenne taille.

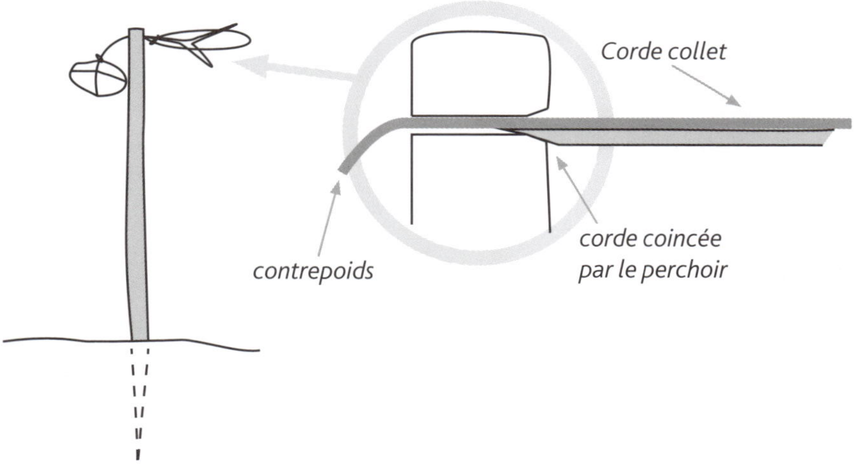

- *« Pêcher » une mouette :* enrobez un caillou de viande ou de poisson, lancez-le en l'air, l'oiseau va gober le tout en plein vol, mais se verra contraint d'atterrir en catastrophe à cause du poids du caillou. Tenez-vous prêt à l'assommer. Encore plus efficace avec un hameçon et du fil (voir illustration), l'oiseau va mordre à l'hameçon comme un poisson !

PIÉGER LES PETITS MAMMIFÈRES

- *Le collet :* rien de plus facile à faire ! Un conseil tout de même, passez votre collet une fois confectionné dans le feu, et lors de la pose frottez vos mains dans la terre pour le manipuler, ainsi vous masquerez votre odeur. Vous pourrez aussi réaliser ce même

piège avec des lacets ou des ficelles, mais il sera beaucoup moins efficace.

- *Collets sur rampe :* en installant une perche armée d'une dizaine de collets, solidement amarrés au morceau de bois, contre un arbre sur lequel vous aurez remarqué les va-et-vient des écureuils, il y a toutes les chances pour que vous attrapiez ce petit mammifère.

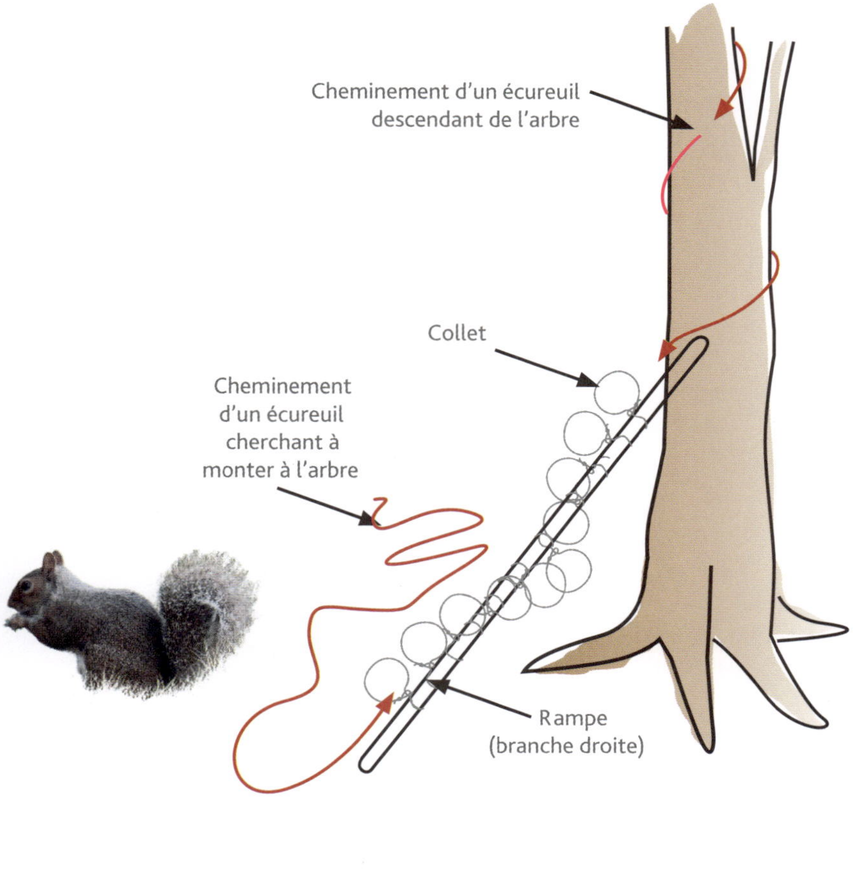

- *Le tube :* ce piège est très efficace pour piéger de petits rongeurs comme les taupes ou rats de jungle, mais en grossissant sa taille vous pourrez aussi attraper des ragondins et des hérissons.

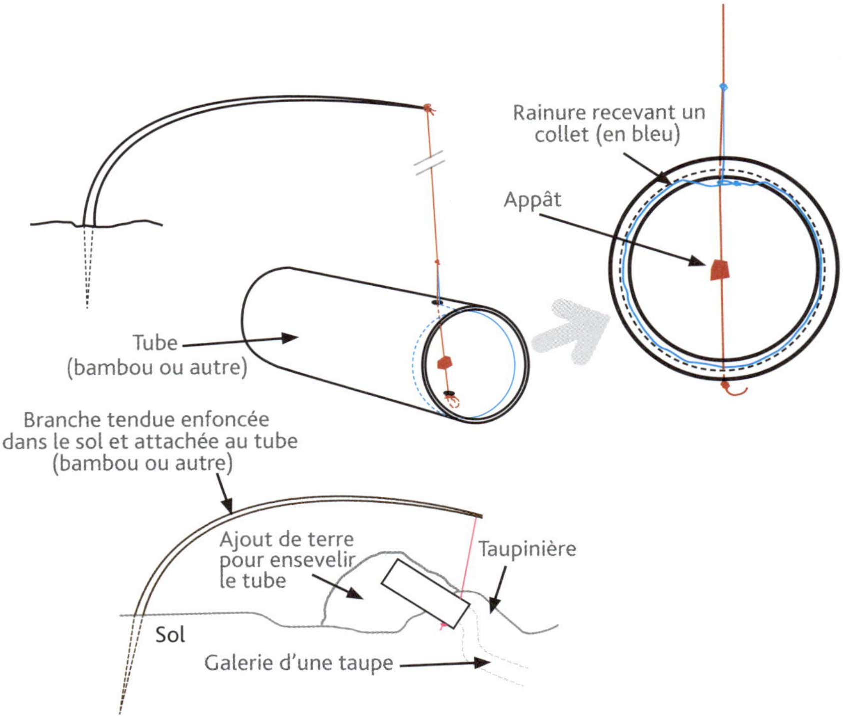

PIÉGER LES GROS ANIMAUX

Soyez extrêmement prudent lors du montage de ces pièges, car à la moindre défaillance ou perte de concentration de votre part, vous deviendrez le piégeur piégé, et finalement, il sera beaucoup moins rentable d'essayer de prendre un gros animal que de rester assis au pied de son feu à ne rien faire.

Nous avons volontairement décidé de vous montrer un seul piège à gros animal, car celui-ci est moyennement dangereux et il ne mettra pas votre vie en péril si vous êtes victime d'une erreur ou d'un dysfonctionnement du dispositif (il pourra tout de même vous arracher un doigt ou vous assommer). Mais sachez qu'il en existe plusieurs dizaines.

- *Piège à déclenchement automatique :* il faut retenir ici le principe de déclenchement. Il peut en effet s'adapter à bon nombre de pièges et ne nécessite pas beaucoup de précision. J'ai l'habitude de l'employer pour attraper par la patte des marcassins et des chevreuils lors de leurs déplacements nocturnes.

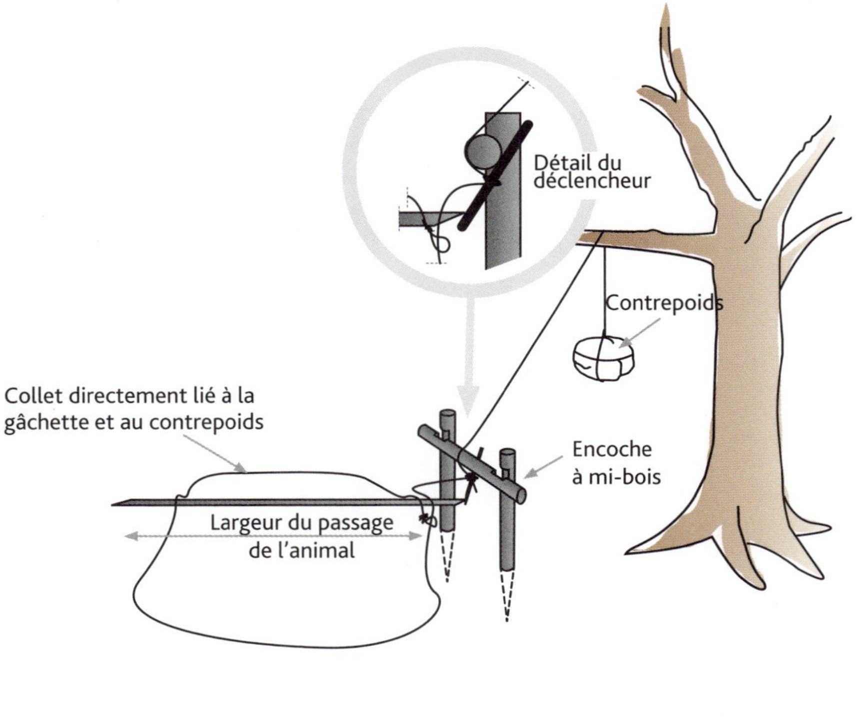

PÊCHER, HARPONNER ET PIÉGER LES POISSONS

- *Harpon:* dans l'idéal, placez-vous à la verticale du poisson pour éviter, au maximum, l'effet de réfraction. Sinon, visez 15° en dessous environ.

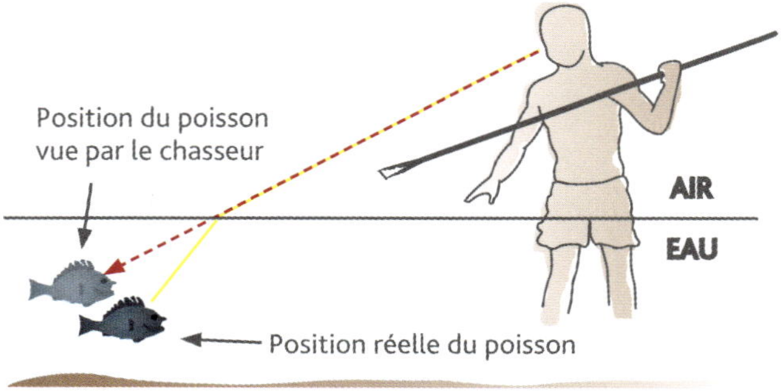

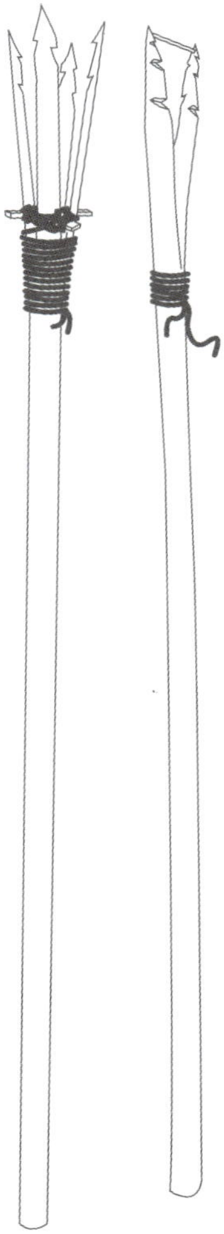

- *Pêcherie :* si vous êtes au bord de l'océan, attendez la marée basse pour confectionner un mur incurvé (ou même un cercle). Votre installation devra ressembler à un bassin. La mer, à marée haute, devra submerger largement votre dispositif pour que les poissons puissent aller et venir. Une fois la mer retirée à marée basse, munissez-vous d'un harpon (pour les gros calibres) ou d'un linge (pour la friture) pour attraper d'éventuels poissons pris au piège.

- *Barrages amont/aval :* vous venez de repérer des poissons dans un cours d'eau. Construisez un barrage en amont de vos poissons, puis en aval. Ensuite, tout le monde va à l'eau. Dans une eau boueuse, il m'est arrivé de sortir à la main une belle carpe. Nous étions dix dans une rivière de 2 m de large, entre les barrages séparés de 10 m.
- *Nasse :* mais vous pourrez aller ceÒois plus vite en collectant de vieilles (ou neuves) bouteilles en plastique.
  Si vous n'avez pas de bouteille, utilisez des branches souples comme du bambou, de l'osier, du châtaignier ou du noisetier.

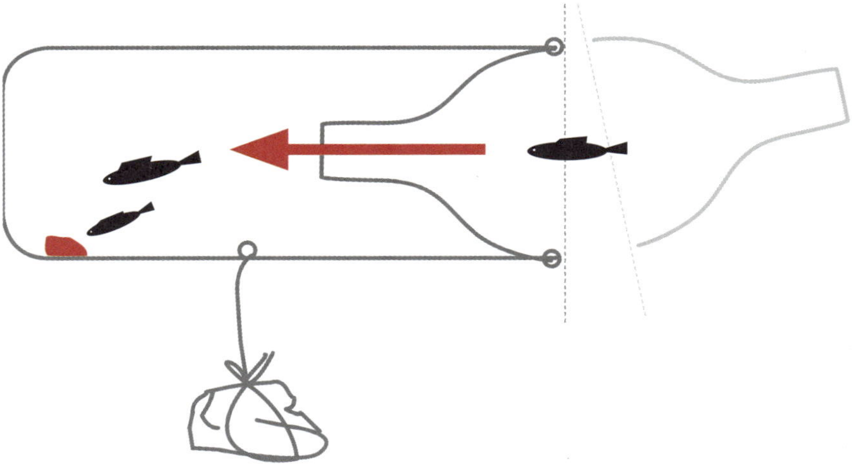

- *Pêche à la main :* beaucoup plus compliqué à réaliser mais pas impossible ! Passez délicatement une main dans tous les repaires probables des poissons et crustacés. Pour la truite, sa cachette est enduite d'une matière gluante, mettez votre main entre elle et l'animal, remontez le long de son ventre et saisissez-la par les ouïes. Pour les écrevisses, nos cours d'eau sont envahis par des espèces invasives d'Amérique du Nord, il ne faudra pas avoir peur de se faire pincer !

3 LE B.A.-BA DES GESTES DE PREMIER SECOURS ET L'ESSENTIEL POUR SE SOIGNER EN PLEINE NATURE

Un livre ne suffirait pas à faire un inventaire des gestes, plantes et substances naturelles pouvant vous remettre sur pied. Mais quelques principes de base sont à connaître.

SE PROTÉGER ET PROTÉGER LA VICTIME

Bien souvent, dans un élan d'altruisme, les personnes portant secours oublient le danger et provoquent – ou sont victimes – d'un « sur-accident ». Il est impératif de penser, en premier lieu, à sécuriser les alentours afin de se mettre hors de danger avant d'effectuer quoi que ce soit. Cette démarche, loin d'être égoïste, sera le meilleur moyen de ne pas envenimer la situation et de porter secours efficacement à la victime en toute sécurité, pour elle et pour vous !

METTRE À L'ABRI LA VICTIME

LA RÉGULATION THERMIQUE

Il paraît logique de protéger la victime des intempéries (froid, vent, pluie...), et de stabiliser sa température corporelle. Mais déplacez-la qu'en cas d'extrême urgence (menace d'effondrement par exemple). N'hésitez pas à la réchauffer avec vos habits et à vous tenir près d'elle pour la rassurer.

Une fois le blessé mis en sécurité :

- Est-il conscient ou non ? Serrez-lui les deux mains et demandez-lui qu'il réagisse en lui parlant.
- Peut-il respirer ? Si votre accidenté émet des sons, il a les bronches dégagées, s'il est inconscient dégagez-les (voir PLS page 147).

- Est-ce qu'il saigne ? Vérifiez que le blessé ne souffre pas d'une perte de sang sévère ; si c'est le cas prodiguez les premiers secours pour ralentir l'hémorragie. (voir page 136)
- Alerter les secours. (voir page 44)

SOIGNER

BLESSURE AVEC SAIGNEMENT

Allongez la victime en lui surhaussant les jambes et en essayant de mettre la plaie plus haute que le cœur pour ralentir le saignement. Nettoyez la plaie avec de l'eau claire, compressez la blessure avec un linge le plus propre possible. Si le saignement persiste, essayez de faire un point de compression. N'enlevez jamais l'objet – s'il y en a un – se trouvant dans la plaie, il pourrait faire bouchon ! Si l'hémorragie devient incontrôlable et que votre victime est en danger de mort imminente, effectuez un garrot. C'est un acte lourd de conséquences et dangereux à réaliser. À ne mettre en place qu'en cas d'extrême nécessité.

BRÛLURE

Si vous devez soigner une brûlure, il faudra, dans un premier temps, enlever l'agent brûlant et vous mettre en sécurité pour ne pas vous blesser. Dans un second temps, évaluez la gravité de la situation.

- *Brûlure bénigne :* s'il s'agit d'une simple rougeur sur une petite surface, refroidissez la brûlure avec de l'eau courante fraîche (15 °C environ) ou tout autre produit froid, le plus longtemps possible. Dès que la douleur aura disparu, la rougeur disparaîtra et le problème sera réglé.

- *Brûlure sérieuse :* si la brûlure comporte des rougeurs et des cloques couvrant au moins 15 % du corps du blessé. Dans un premier temps, refroidissez la zone avec de l'eau fraîche (15 °C environ) aussi longtemps que la personne aura mal. Ne faites pas tomber l'eau directement sur la brûlure, mais faites-la ruisseler en amont de la blessure. Dans un second temps, nettoyez méticuleusement la zone brûlée en enlevant saletés, tissus, cendres, etc., et protégez-la de la manière la plus hygiénique possible.
- *Brûlure grave :* si la surface brûlée est supérieure à 75 % de la surface corporelle, même si cela semble n'être qu'un coup de soleil, le blessé est en danger de mort. Si la surface brûlée comportant des cloques et rougeurs est supérieure à 30 %, c'est aussi un cas grave. Et enfin si la brûlure est noire, avec des cloques et des rougeurs (chair cuite) et dépasse les 10 % de la surface du corps, il y a danger de mort.

Refroidissez la zone atteinte avec de l'eau fraîche ou toute autre chose froide aussi longtemps que possible. Couvrez la personne pour lui maintenir une bonne température corporelle. Essayez de nettoyer méticuleusement la zone brûlée en enlevant saletés, tissus, cendres, etc., et protégez-la de la manière la plus hygiénique possible.

ENTORSE ET FOULURE

En temps normal, une immobilisation et un traitement anti-inflammatoire sont envisagés. En survie, vous pourrez continuer à marcher tant que l'articulation restera chaude. C'est certain, vous n'arrangerez pas votre cas.

Entorse à la cheville : desserrez la chaussure pour laisser enfler l'articulation (le corps fabrique naturellement une protection), maintenez la cheville avec deux petites attelles, et reprenez votre marche.

Entorse du genou : laissez enfler l'articulation et soulagez-la en posant deux ou trois attelles, et continuez votre progression, la jambe raide.

FRACTURE D'UN MEMBRE INFÉRIEUR

Si vous êtes témoin de ce type d'accident, il faudra rassurer la victime (elle aura entendu, comme vous, le craquement de son os), l'allonger, la réchauffer avec un manteau, lui éviter les mouvements brusques et réduire sa fracture si nécessaire (remettre le membre cassé dans son axe naturel). Faites attention à ne pas provoquer une hémorragie interne, et prévenez les secours. Si les secours n'arrivent pas et que vous décidez de déplacer la victime, immobilisez le membre cassé avec les moyens du bord (voir ci-dessous). Il ne vous restera plus qu'à fabriquer un brancard de fortune. S'il s'agit d'une cheville, immobilisez le plus possible l'articulation, et portez le blessé.

FRACTURE DU COU OU DU DOS

Ne déplacez pas la victime, vous risqueriez d'aggraver son cas. Maintenez-la immobile le plus possible, et prévenez les secours. Pour avoir les bons réflexes, référez-vous aux organismes formateurs, tels que la Croix-Rouge ou la Fédération française de sauvetage et de secourisme (FFSS).

MORSURE DE SERPENT OU ANIMAL VENIMEUX

En France et plus généralement en Europe de l'Ouest, deux familles de serpents sont présentes : les vipères et les couleuvres.

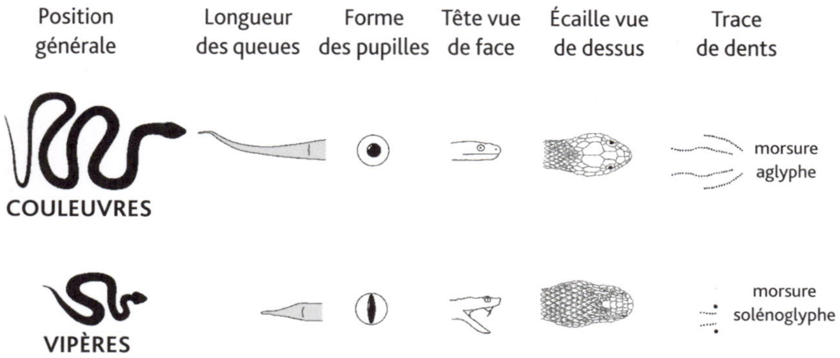

Les vipères possèdent des crochets venimeux très dangereux et peuvent attaquer pour se défendre ou protéger leur progéniture. La couleuvre, elle, n'a pas de venin (à part la couleuvre de Montpellier), mais ce n'est pas pour autant qu'il faudra négliger sa morsure. Les couleuvres ne se lavant pas les dents tous les matins, leurs morsures peuvent provoquer des infections.

Vous venez de constater une morsure : la « zénitude » sera de mise ! Car la meilleure façon de propager le venin dans votre organisme sera de faire monter vos pulsations cardiaques et votre pression sanguine. Plus vous serez calme, moins le venin arrivera concentré et virulent à votre cœur (facile à dire !). Voici la procédure généralement admise par l'ensemble des métiers de la santé : protégez la personne contre d'autres agressions et morsures. Profitez-en pour essayer de déterminer précisément l'espèce du serpent incriminé. Calmez la victime et appelez les secours.

Puis, positionnez la victime de telle façon que la partie mordue soit plus basse que son cœur. Ne lui donnez pas à boire ni à manger et enlevez-lui les objets ou vêtements qui pourraient comprimer le membre mordu. Nettoyez la plaie avec une eau propre et désinfectée. Pressez fortement avec un linge propre la zone mordue. N'essayez pas d'aspirer le venin avec votre bouche, n'utilisez pas « d'aspivenin » (c'est complètement inadapté et ça aggrave la situation), n'entaillez pas pour faire saigner, ne posez pas de garrot et ne brûlez pas la plaie. Et pour finir, parlez, rassurez et calmez la victime en attendant les secours.

Un peu d'informations : en France, les vipères ne font que deux ou trois victimes par an. Trois morts de trop, mais comparés aux victimes cinq à six fois plus nombreuses de piqûres d'hyménoptères (abeilles, guêpes et frelons), selon les chiffres du ministère de la Santé, c'est très peu ! Dans pratiquement tous les cas, la morsure de vipère n'est pas mortelle pour un adulte. Si vous partez dans une zone où vous risquez de vous faire mordre par des vipères, demandez conseil et n'hésitez pas à avoir au pied des chaussures de randonnée hautes et ne mettez pas les mains entre les pierres des murs ou dans un tas de bois au soleil sans avoir préalablement tapé des mains ou constaté la non-présence d'un reptile.

- Ne pas retourner les pierres sans précaution,
- Nettoyer les zones de votre bivouac,
- Retourner et placer ses chaussures sur des piquets pendant la nuit,
- Secouer et inspecter ses vêtements avant de s'habiller,
- Ne jamais marcher pieds nus,
- Taper des pieds ou des mains lors de vos déplacements dans les zones non dégagées (hautes herbes).

PIQÛRES ET MORSURES

Malgré vos protections, vous vous êtes fait mordre ou piquer par des moustiques, guêpes, frelons, taons.

Stratégie générale : si vous n'avez pas de répulsif à insectes pour vous protéger, il sera très compliqué de ne pas se faire agresser. Néanmoins, des techniques plus ou moins efficaces peuvent être mises en place : ainsi, la fumée de votre feu fera fuir les insectes volants, la boue recouvrant votre peau évitera les piqûres et morsures de rampants et volants.

- En cas d'attaque d'essaim : fuir en zigzag (jamais en ligne droite), ne pas se réfugier dans un cours d'eau.
- En cas de piqûre : calmer la personne atteinte, rechercher et enlever délicatement le dard, désinfecter la zone piquée.
  - 1re solution : appliquer le plus rapidement possible de la chaleur sur la piqûre (une cigarette, un tison), à 1 cm de la piqûre afin de détériorer le venin inoculé sans provoquer la brûlure de la peau. La majeure partie de ces poisons sont thermolabiles et se dégradent très vite au contact de la chaleur. Mais les résultats ne sont parfois pas à la hauteur de vos espérances, tellement votre peau est un bon isolant thermique.
  - 2e solution : appliquer des antiprurigineux ou antihistaminiques locaux avec de la glace pour obtenir un mécanisme vasoconstricteur[1].

VOUS ÊTES EN PRÉSENCE DE CHENILLES PROCESSIONNAIRES

Les poils de ces animaux sont très urticants et vous empoisonneront la vie pendant une petite semaine.

Stratégie générale

Décontaminez-vous en vous lavant au savon noir et à grande eau.
Ne grattez pas vos boutons.
Appliquez une pommade aux corticoïdes si possible.

VOUS VENEZ DE TOUCHER UN POISSON VENIMEUX (RAIE, VIVE, POISSON PIERRE, ETC.)

Pourtant des règles simples existent ! Ne jamais marcher pieds nus dans l'eau.

1. Mécanisme physiologique correspondant à la diminution du diamètre des vaisseaux sanguins.

Stratégie générale

Ôtez les débris d'appareils venimeux.
Nettoyez la plaie.
Créez un choc thermique en appliquant du chaud (bain d'eau chaude, sèche-cheveux, sable chaud) puis sans transition appliquez du froid (glace, eau froide, etc.).

VOUS VENEZ DE VOUS FAIRE TOUCHER PAR UNE MÉDUSE, CORAIL DE FER, ETC.

Stratégie générale

Recouvrez la zone touchée avec du sable, mousse à raser ou autre et retirez les filaments adhérents en raclant à l'aide d'une carte de crédit ou similaire.

LES TIQUES ET LA MALADIE DE LYME

Cette infection, qui peut être très grave, est la source de nombreuses angoisses. Effectivement, les régions boisées sont propices au développement des tiques porteuses de la maladie. Mais quelques règles simples seront à respecter pour ne pas être contaminé. Tout d'abord, vous porterez des habits recouvrant l'ensemble du corps. Une inspection journalière et régulière sera nécessaire sur tout le corps, attardez-vous sur les zones chaudes et

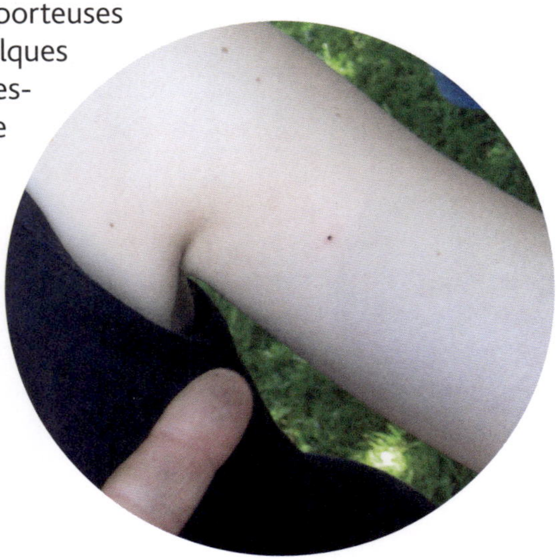

humides de votre anatomie et enlevez les éventuels hôtes avec un tire-tique (voir photo). La tique s'étant enfoncée dans votre peau comme une vrille, essayez d'attraper sa tête sans presser son corps, puis tirez doucement vers le haut en la dévissant, elle devrait se décrocher toute seule. N'essayez pas de l'étouffer avec de l'alcool ou un corps gras. Car vous ne ferez que la stresser et l'inciterez à recracher le sang qu'elle vous aura pompé. Si elle est porteuse de la maladie de Lyme, elle vous contaminera. Si vous n'y arrivez pas, allez voir votre médecin traitant une fois sorti de la forêt, il vous prescrira des antibiotiques pour contrecarrer une éventuelle infection.

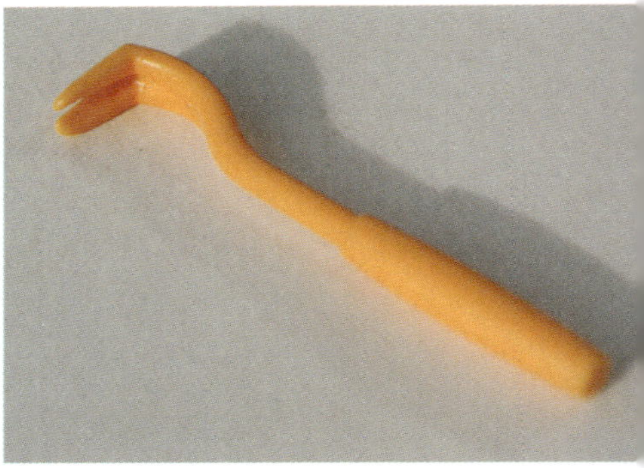

DÉSHYDRATATION

Bien souvent, elle survient quand nous avons oublié de boire suffisamment pendant un effort ou quelques heures. Il est obligatoire de bien s'hydrater pour rester en forme. Le corps humain est composé de 65 % d'eau et il est sensible au moindre déséquilibre. 5 % de perte liquidienne suffit pour que vous soyez assoiffé, fatigué, avec un manque d'appétit et donc en déshydratation légère. S'ensuivra de l'impatience et de l'irritabilité, puis une envie de dormir inhabituelle avec des malaises et maux de tête. À -10 %, votre

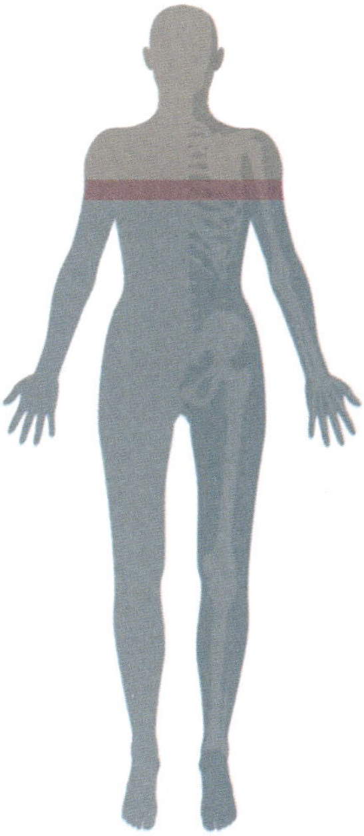

peau deviendra moins élastique, vous aurez des difficultés respiratoires, des maux de tête intenses, votre regard sera terne, vous aurez de la fièvre, des vertiges et vous ne pourrez quasiment plus vous lever, c'est un état de déshydratation grave. Au-delà des 10 %, vous serez en danger de mort !

Stratégie générale

- Ne pas boire d'alcool car l'alcool est très consommateur d'eau lors de sa digestion.
- Ne pas fumer car cela assèche les muqueuses de la bouche.
- Éviter de faire de l'exercice et de monter en température.
- Éviter les zones chaudes (c'est du bon sens).
- Ne pas parler ni ouvrir la bouche.
- Éviter de manger trop (car plus on a à digérer, plus il nous faudra de l'eau).
- Ne pas tomber malade.

ÉTOUFFEMENT

Si un filet d'air passe par les voies aériennes, calmez la victime et prévenez les secours. En aucun cas essayez d'effectuer un geste pouvant aggraver son état.

Les voies respiratoires de la victime sont complètement obstruées (pas de son, pas de filet d'air sortant ou entrant par la bouche ou le nez, la personne se prend la gorge, panique et rougit).

Appliquez la procédure de Heimlich (du nom de son inventeur) : penchez la victime vers l'avant et d'une main ferme tapez fortement quatre ou cinq fois entre ses deux omoplates. Si l'objet reste toujours coincé, mettez-vous derrière la victime et joignez vos mains entre son nombril et son sternum puis enfoncez-les violemment sous ses côtes en effectuant une légère rotation vers le haut de vos poignets. Si ça ne marche pas, recommencez la procédure du début (tape dans le dos puis geste de Heimlich).

INCONSCIENCE D'UNE VICTIME ET MASSAGE CARDIAQUE

Chercher à comprendre les causes de l'inconscience de la victime sera déjà une bonne indication pour la suite des opérations. Vérifiez si elle respire, si oui, est-ce qu'elle vous entend ? Est-ce qu'elle peut vous serrer la main ou cligner des yeux ?

Si oui, mettez-la en position latérale de sécurité (PLS), desserrez ce qui pourrait la gêner (ceinture, cravate, etc.) et prévenez les secours. Sinon, la victime est en danger de mort imminente ! Prévenez ou faites prévenir les secours le plus rapidement possible. Vérifiez si son cœur bat toujours. Si ce n'est pas le cas, commencez une réanimation cardio-pulmonaire (le célèbre massage cardiaque).

La technique évoluant constamment d'année en année, je vous renvoie aux personnes compétentes pour que vous puissiez vous mettre à la page. De mon temps, nous commencions directement par trente pressions thoraciques puis deux insufflations d'air en vérifiant si le cœur était reparti ! Et « re-pressions thoraciques », et « ré-insufflations », etc., jusqu'à l'arrivée des secours. Attention tout de même, le geste varie en fonction de l'âge de la victime, par exemple chez l'enfant, nous commencerons par les insufflations.

INTOXICATION ALIMENTAIRE

Parce que vous avez ingurgité des champignons toxiques ou un aliment pas frais, ou vous vous êtes trompé de fruit comestible glané dans la nature, ou une maladie infectieuse vous a atteint.

Votre état s'est fortement dégradé avec des nausées et très vite des vomissements et diarrhées sont apparus ! Vous avez provoqué une déshydratation corporelle cumulée à un empoisonnement alimentaire. Vos heures sont comptées si vous n'avez pas une assistance médicale. Je vous conseille de boire le plus possible une eau chargée en sels minéraux. Ingurgitez aussi le célèbre Coca-Cola (sans les bulles si possible), ou essayez une décoction de feuilles de noisetier ou (et) mangez un bout de charbon de bois ou de la craie, cendre ou os brûlé et pilé. Cela pourra vous aider à capter les toxines qui vous empoisonnent et à stabiliser votre état le temps de trouver mieux.

LUTTER CONTRE L'HYPOTHERMIE

Puisqu'il faut que notre chaleur corporelle se maintienne à 37 °C pour assurer correctement la bonne marche de nos fonctions vitales (réactions chimiques et biologiques que l'on appelle l'homéostasie), il est primordial de se protéger du froid.

SYMPTÔMES ET EFFETS

Si vous n'avez pas de thermomètre corporel pour prendre votre température interne, mais que votre peau est blanche et froide, vos lèvres violettes et que vous n'arrivez plus à vous arrêter de frissonner, vous êtes en dessous des 37 °C, et donc en hypothermie légère.

- *De 35 à 32 °C:* (hypothermie modérée à moyenne) frissons, vasoconstriction (peau blanche et froide), baisse de la tension artérielle, respiration et pouls rapides.
- *Moins de 32 °C:* (hypothermie grave) troubles de conscience, hypertonie diffuse, pupilles contractées, ralentissement des battements du cœur.
- *Moins de 30 °C:* coma, pupilles dilatées, respiration lente, bradycardie, hypotension, état de mort apparente.
- *En dessous de 28 °C:* (hypothermie majeure) il y a un risque d'arrêt cardiaque. Cela serait un vrai miracle que vous puissiez survivre !

LES SOLUTIONS POUR LUTTER CONTRE L'HYPOTHERMIE

- Votre équipement sera essentiel, bien sûr, vous pourrez toujours vous mettre sur le dos plusieurs couches de vêtements même peu

épais. J'ai coutume de dire qu'il vaut mieux avoir quatre tee-shirts sur soi qu'une polaire (voir paragraphe « bien choisir ses vêtements » p. 26) !

En effet, c'est le volume d'air emprisonné entre vos différents habits qui vous isolera : plus il y aura de couches d'air entre votre peau et l'extérieur, plus votre isolation sera efficace.

- Pensez à bien couvrir votre tête (25 % de la chaleur corporelle s'évacue par la tête).
- Faites la « cocotte » : serrez-vous les uns contre les autres comme les pingouins (car un corps humain normalement chaud peut vous apporter presque 100 watts de chaleur) ou zippez vos duvets entre eux pour bénéficier d'un même volume d'air.

- Faites de l'exercice ; mais pas trop, pour ne pas transpirer et être mouillé (l'eau vous refroidira vingt-cinq fois plus vite que si vous étiez sec à température égale).

Ne jamais donner d'alcool pour lutter contre l'hypothermie, vous ferez l'effet inverse souhaité car il provoque le dérèglement des capteurs corporels, il est consommateur d'énergie pour sa digestion et il a pour conséquence de déplacer la chaleur interne vers la surface du corps ! Bref, consommer de l'alcool pour ne pas avoir froid, c'est comme absorber 10 000 calories par jour en espérant maigrir !

LIMITER ET SOIGNER LES AMPOULES

Beaucoup de conseils en tout genre existent. Mais il n'y a pas de solution miracle. Je vous conseille de faire chaque soir une inspection minutieuse de vos pieds, et à la moindre rougeur d'y appliquer un traitement. Le repos et l'aération sont évidemment l'idéal. La chaussette en double fonctionne bien aussi. Si jamais une ampoule apparaît, attendez qu'elle se résorbe toute seule, mais si vous devez solliciter la zone ampoulée, nettoyez-la avec de l'eau et percez-la à sa base avec une aiguille. Videz-la de son liquide et appliquez un pansement double peau ou une feuille de plantain, si vous n'avez plus que cela ! Renouvelez l'opération chaque soir, l'ampoule devrait sécher rapidement.

TRANSPORT D'UN BLESSÉ

Idéalement, il ne faudrait jamais transporter un blessé, car le risque d'aggraver ses blessures sera trop élevé. Mais si vous n'avez pas le choix et que vous devez impérativement le changer d'endroit ou l'exfiltrer, si vous ne possédez pas de brancard digne de ce nom, il vous faudra employer la « moins pire » technique possible.

- **Brancard de fortune avec bâche (portée à l'épaule) :** *(4 personnes ou plus + 1 blessé) – distance quelques kilomètres. Pensez à effectuer des changements de poste pour ne pas trop souffrir de l'épaule.*
- **Brancard de fortune avec vêtements :** *(4 personnes ou plus + 1 blessé) – distance quelques centaines de mètres.*
- **Porter avec bâton :** *(4 personnes + 1 blessé) – distance quelques centaines de mètres.*
- **Porter en trio d'urgence :** *(3 personnes + 1 blessé) – distance quelques centaines de mètres.*
- **Porter « cochon pendu » :** *(2 personnes + 1 blessé) – distance quelques dizaines de mètres.*
- **Porter « pompier » :** *(1 personne + 1 blessé) – distance quelques dizaines de mètres.*
- **Lever et porter blessé inconscient :** *(1 personne + 1 blessé) – distance quelques dizaines de mètres.*

BRANCARD DE FORTUNE AVEC BÂCHE

BRANCARD DE FORTUNE AVEC VÊTEMENTS

PORTER AVEC BÂTON

PORTER EN TRIO D'URGENCE

BRANCARD DE FORTUNE AVEC BÂCHE

4 PRÉVOIR LA MÉTÉO

Même si vous n'êtes pas un météorologue, vous pourrez sans mal prévoir les grandes tendances et donc anticiper les changements de temps. Cela commence par une bonne lecture des bulletins météorologiques pour pouvoir s'équiper et agir en conséquence. Sur le terrain, la prévision empirique en regardant directement le ciel est plus aléatoire, mais peut tout de même vous servir !

LA CARTE MÉTÉO

Consultez obligatoirement avant de partir sur les chemins le bulletin météo sur Internet. De belles explications sous forme de schémas vous sont proposées. Mais comment bien les interpréter ?

Pour simplifier, la météo n'est que l'interaction entre des anticyclones et des dépressions.

- Si vous êtes dans une configuration anticyclonique, ses hautes pressions (plus de 1 013 hPa) vous garantissent un temps sec et ensoleillé en chassant les nuages de sa zone !
- Si vous êtes dans un régime dépressionnaire, vous traversez une zone de basse pression atmosphérique (moins de 1 013 hPa). Les dépressions engendrent un temps instable provoquant pluie et vent.

LES TEMPÉRATURES

Les températures mini et maxi vous donneront une idée de ce que vous allez prendre comme protection pour passer les heures les plus chaudes et froides de la journée et de la nuit. Assurez-vous de bien lire les températures en degrés Celsius et non pas comme les Américains en degrés Fahrenheit.

La température ressentie est la sensation subjective de froid ou de chaleur sur un corps en fonction de la température mesurée, du vent et de l'humidité dans l'air. Mettant en œuvre des méthodes de calcul complexes, l'indice de froid ressenti, ou indice de refroidissement éolien, vous donnera une indication précise de l'impact des conditions météo sur votre corps.

LES DIFFÉRENTES SORTES DE NUAGES

Les nuages sont constitués de vapeurs d'eau en suspension qui, une fois leur masse trop importante, retombent en précipitations de pluie, de grêle ou de neige. Leur altitude, vitesse, grosseur varient en fonction des courants d'air qu'ils rencontrent.

Savoir les identifier, c'est prédire le temps qu'il fera.

NUAGES BAS (MOINS DE 2 000 M D'ALTITUDE)

LES CUMULONIMBUS

Leurs sommets peuvent atteindre l'altitude de 18 000 m. Si vous avez la malchance de vous trouver en dessous d'un gros spécimen, attendez-vous à subir la grêle, la foudre et des vents tourbillonnants. Ils provoquent très souvent des averses soudaines et intenses. Ce sont de gros nuages aux contours bien définis et parfois de plus en plus sombres dans leur partie basse. Ils naissent à très faible altitude et remontent dans les airs.

LES CUMULUS

Plus hauts en altitude, ils peuvent se transformer en cumulonimbus. Si leur base vire au sombre, c'est l'averse assurée.

LES STRATUS

La plupart du temps, nous les observons quand nous disons que le temps est gris. Ils sont porteurs de pluie, de brouillard et de mauvais temps !

LES STRATOCUMULUS

Situés entre 500 et 2 000 m d'altitude, ils ressemblent à un large tapis cotonneux de 500 m d'épaisseur. Ils ne donnent que très rarement des précipitations.

NUAGES INTERMÉDIAIRES (ENTRE 2 000 ET 5 000 M D'ALTITUDE)

LES ALTOSTRATUS

Ils font office de filtres à lumière, comme un verre dépoli. Ils s'épanouissent dans un air stable, sans vent. Ils sont parfois coupables de chutes de pluie ou de neige et annonciateurs d'air chaud.

LES NIMBOSTRATUS

Ils sont présents quand le temps n'est vraiment pas à la fête! Ils peuvent provoquer des pluies soutenues et durables sur une grande surface au sol.

LES CIRRUS

Ces « cheveux d'anges » culminent à plus de 14 000 m d'altitude et ne donnent pas de précipitations. Ils sont faits de cristaux de glace.

LES CIRROSTRATUS

Cousins des cirrus, mais beaucoup plus « aériens » et translucides, couvrant parfois la totalité du ciel, ils provoquent un halo autour du soleil ou de la lune (synonyme de beau temps s'il grandit, de mauvais temps s'il diminue). En général, ils annoncent plutôt l'arrivée d'une dépression.

LES PHÉNOMÈNES ET PRÉVISIONS DE LA MÉTÉO LOCALE

Il est toujours bon de consulter les bulletins météo locaux, car ils pourront être légèrement ou totalement différents d'une prévision régionale ou nationale. En effet, beaucoup d'éléments spécifiques à un territoire peuvent changer les données !

EN MONTAGNE

Contrôlez avant de commencer votre randonnée :

- la température du moment et l'évolution durant la journée ;
- la vitesse du vent et l'indice de refroidissement éolien ;
- la visibilité dans la vallée et sur les sommets ;
- isotherme 0 °C (l'altitude minimale à laquelle la température atteint 0 degré Celsius) ;
- quantité et nature des précipitations ;
- s'il y a un effet de foehn provoquant la naissance d'un nuage au sommet d'un pic (le côté sous le vent sera mieux abrité et plus chaud) ;
- s'il y a un des vents adiabatiques que les parapentistes aiment dénicher pour pouvoir prendre les courants ascendants d'air chaud et reprendre de l'altitude.

AU BORD DE MER

Contrôlez avant de commencer votre randonnée :

- la température de l'air du moment et l'évolution durant la journée ;
- la température de l'eau ;

- le calendrier des marées (haute et basse mer). Elles peuvent créer des microclimats avec un temps changeant toutes les hautes ou basses mers ;
- la vitesse et la direction du vent côtier et l'indice de refroidissement éolien ;
- la hauteur des vagues.

EN FORÊT OU EN CAMPAGNE

Contrôlez avant de commencer votre randonnée :

- Le taux d'humidité dans l'air pouvant créer d'énormes zones de brouillard.
- La direction du vent : si un vent sec et régulier faiblit, voire change de direction, la pluie n'est pas loin !
- La couleur du ciel peut vous aider : rouge le matin = mauvais temps. Rouge le soir = beau temps le lendemain.
- Les cheveux qui frisent ! Cela peut prêter à sourire, mais ça marche vraiment !
- Le son : dès que l'air se charge en humidité, le son a tendance à mieux voyager dans l'air et porte donc plus loin.
- Les animaux : les hirondelles, bien connues en Europe, font du rase-mottes quand les orages approchent.
- Les lapins et autres petits rongeurs font du stock de nourriture, et sont donc plus visibles qu'à l'accoutumée.

En conclusion, plus vous observerez autour de vous la nature, et plus vos prévisions météo seront justes. Un dernier conseil, demandez aux habitués du coin, leur avis sur l'évolution du temps est souvent juste.

CONCLUSION

Vous l'aurez compris, dans ce petit guide, vous trouverez l'essentiel des techniques vous permettant de vous sortir d'une situation de survie. Mais rien ne sera possible si votre intelligence émotionnelle vous empêche d'être efficace pour mettre en place une bonne stratégie de sortie de crise.

L'assimilation des règles de trois est facile et compréhensive. Les techniques essentielles, comme savoir faire du feu, monter un abri, fabriquer son eau potable, s'orienter ou prévoir la météo en toutes circonstances, sont des fondamentaux que l'on doit assimiler, le reste suivra !

Plus que jamais, la vision des signes avant-coureurs et la prévention des risques seront les meilleures armes pour lutter contre une situation de crise.

Un retour aux sources, une remise à plat de nos sens, un réancrage avec la terre, un réapprentissage des techniques et savoirs des anciens, vous permettront de relativiser et de comprendre nos capacités d'adaptation pour survivre !

À PROPOS DE L'AUTEUR

Leader en France pour l'organisation de stages de survie en milieu naturel, Denis Tribaudeau s'est fait une sérieuse réputation dans le domaine de l'aventure « extrême ».

Son expérience, son expertise et sa bonne humeur plaisent énormément aux médias qui le demandent régulièrement pour illustrer ou comprendre des « situations de survie ». Véritable Indiana Jones des temps modernes, il est capable de relever les défis les plus improbables et d'amener ses clients à vivre des aventures extraordinaires à l'autre bout de la planète.

Fort de 25 ans de voyages (60 pays) et d'expériences aux quatre coins de la planète, il a effectué le tour du monde et le tour d'Europe à pied, et plus de 1 000 stages de survie en tout milieu (déserts, jungles, forêts, îles désertes...).

Formé à l'école de la nature, depuis plus de 16 ans, il encadre et anime ses stages de survie en France, Belgique, Thaïlande, Guyane, Maroc, Philippines, Népal, Namibie, Albanie, Portugal, etc.

Il est capable de « coacher » les plus grands aventuriers et baroudeurs aux techniques de survie.

Plus de 10 000 stagiaires sont passés entre ses mains d'expert !

Avec une approche, fondée sur la compréhension de notre environnement pour mieux en faire partie, il dispense les bons réflexes pour survivre en toutes circonstances.

- Savoir-faire face à l'imprévu
- Se débrouiller avec ce dont on dispose
- Rechercher de l'eau
- Monter un abri
- Lutter contre le froid ou le chaud
- S'orienter
- Allumer un feu
- Fabriquer des outils pour chasser et pêcher
- Cueillir (fruits et plantes comestibles ou non)

↳ Si vous voulez faire un stage de survie avec mon équipe, rendez-vous sur :

www.stage-survie-tribaudeau.com

↳ Facebook :

Denis Tribaudeau
Survie, mode d'emploi
La conciergerie du baroudeur

↳ Instagram :

denis_tribaudeau

REMERCIEMENTS

Je remercie l'ensemble de mon équipe et de mes clients qui m'apprennent tant jour après jour.

Ma famille, pour leur patience et leur aide.

Ma mère et mon père, que j'aime profondément.

Mes beaux-parents, pour leur soutien et leur fidélité, toujours là quand il faut !

Mes amis, qui m'enlèvent de belles épines du pied parfois.

En survie, rien n'est acquis, rien n'est figé. Tout évolue au gré des expériences et des situations. C'est pour cela que j'ai de nombreuses connaissances et compétences à peaufiner. Je compte sur mes rencontres et voyages à venir pour mettre en œuvre de nouvelles solutions et vous en faire profiter. Donc, à suivre…

pca
cmb
édition pré-presse
livres numériques

44400 Rezé